生命分子と細胞の科学

二河成男

(改訂版)生命分子と細胞の科学('19)
©2019 二河成男

装丁・ブックデザイン:畑中　猛

まえがき

　皆さんは甘党だろうか辛党だろうか。甘党とはお酒よりも甘いものを好む人を意味し，逆に甘いものよりもお酒を好む人を辛党という。甘いものと辛いもの（一部の地域では塩味も辛いという）を対とする方が自然な気もするが，なぜかお酒と甘いものが対になっており，不思議な感じがしていた。ところが最近，肝臓で合成されるあるホルモンが，甘いものやアルコールの摂取を制御することが分かってきた。甘党と辛党を対とすることが，生理的にも一概に間違いとは言えないということになる。

　このホルモンは，線維芽細胞増殖因子21（FGF21）というタンパク質である。ホルモンとは様々な体内の器官から放出され，からだの成長や体内の恒常性の維持に関わる物質である。細胞で合成され，その後必要に応じて血中に分泌され，他の細胞にはたらきかけることによってその機能を発揮する。よって，ホルモンの合成や分泌の異常は，からだの不調や疾患を引き起こす。インスリンと糖尿病の関係などはよく知られている例である。したがって，主要なホルモンについては，細胞や遺伝子のレベルでも精力的に研究が進められている。FGF21は以前から知られていたが，ここ数年栄養摂取のより好みとの関係が注目されている。

　そして，甘党辛党の話である。ヒトやハツカネズミでは，甘いものを食べると少し遅れて肝臓からFGF21が分泌される。他の栄養でも分泌されるが，甘いもの（正確には炭水化物）でより多くのFGF21が分泌される。そして，分泌されたFGF21は血流にのって，中枢神経系

（脳）に運ばれ，特定の神経細胞にはたらきかける。このFGF21の信号を受け取った神経細胞のはたらきによって甘いものの摂食を避けるようになる，というのが現在の筋書きである。また，分泌されたFGF21によって，アルコールの摂取も避ける傾向を示すことがハツカネズミやヒトの研究で明らかになってきた。しかし，これでは甘党も辛党もなくなってしまう。

　現在分かっていることはここまでであり，甘党と辛党の違いが体内の生理や遺伝子でどこまで説明できるのかは，はっきりしていない。とは言っても，生物のからだが栄養の種類を認識して，そのことを脳に伝えて，摂取すべき栄養を制御する仕組みをもっているということは，ある意味健康的に生きるための食事のとり方まで分子や細胞によって最適化されているのかもしれない。このような生き物がもつ緻密な制御機構には，いつも感心させられる。

　「生命分子と細胞の科学」では，このような生命活動を支えるタンパク質やDNAといった分子やそのような分子から構成される細胞の構造や役割，そして，これらがどのようにして，遺伝，分裂，代謝，情報伝達，分化といった生命現象を生み出しているのかについて，紹介している。さらには遺伝子組み換え技術やその応用，あるいは倫理面についても触れている。これら生命の分子と細胞といった視点から生命活動を理解することが，生き物や自分自身について考える機会となれば幸いである。

2018年10月
二河成男

目次

まえがき　3

1 分子と細胞の世界　│二河成男　9
1. 細胞，タンパク質，遺伝子　9
2. 生物を構成する細胞　14
3. 細胞の内部構造　15
4. 細胞の機能　18
5. ウイルス　19
6. 生命活動を支える生命分子　20

2 タンパク質の構造と機能　│石浦章一　26
1. タンパク質の機能　26
2. タンパク質の構造　30
3. タンパク質の構造と機能　36

3 遺伝子とDNA　│藤原晴彦　44
1. 遺伝子の本体はDNAである　45
2. DNAの構造　47
3. DNA複製のしくみ　52
4. 染色体とDNA　59

4 DNAからRNAへの転写とその調節　│藤原晴彦　62
1. 転写とは何か　62
2. 原核細胞における転写とその制御　67
3. 真核細胞における転写　71
4. 真核細胞における転写制御　75

5 | RNA プロセシング　　　藤原晴彦　82
1. RNA プロセシングとは何か　82
2. mRNA のスプライシング　84
3. mRNA のキャッピングとポリ A 付加　91
4. rRNA と tRNA のプロセシングと修飾塩基の付加　96

6 | タンパク質の一生　　　石浦章一　100
翻訳・修飾・分解
1. 遺伝暗号とその異常　100
2. タンパク質合成の過程　106
3. 翻訳後のタンパク質　110

7 | ゲノムとゲノム科学　　　二河成男　114
1. ゲノムとその構造　114
2. ゲノムはどのような情報からなるか　116
3. 生物種によるゲノムの違い　120
4. ゲノムを調べると何が分かるか　122
5. ゲノムの個体差　123
6. 遺伝子の発現量　127

8 | 細胞膜　その構造と機能　　　二河成男　130
1. 細胞を包む細胞膜　130
2. 細胞膜の役割　131
3. 細胞膜を構成するリン脂質　131
4. 細胞膜に機能を付与するタンパク質　134
5. 細胞膜の構造　135
6. 細胞膜による選択的透過性　136
7. 細胞膜を利用した輸送　139
8. 膜を利用したエネルギー転換　142

9 | 細胞内の化学反応　　　｜二河成男　145

1. 代謝とは　145
2. 代謝経路　146
3. あらゆる代謝経路はつながっている　149
4. 細胞内の分子の混雑度　151
5. 代謝の制御　153

10 | 細胞分裂と細胞周期　　　｜二河成男　161

1. 細胞の増殖と細胞分裂　161
2. 体細胞分裂　162
3. 減数分裂　164
4. 細胞周期　166
5. 細胞周期の制御系　168
6. 細胞周期の制御点　171
7. 細胞分裂の抑制　173

11 | 細胞のシグナル伝達　　　｜二河成男　175

1. 環境応答と細胞のはたらき　175
2. 細胞における情報の伝達　176
3. 受容体タンパク質　178
4. シグナル分子と受容体　180
5. シグナル分子によるシグナル伝達　182
6. 接着によるシグナルの伝達　183
7. 細胞内のシグナル伝達　184
8. タンパク質活性の分子スイッチ　189

12 | 細胞分化　　　　　　　　　　　　　｜ 二河成男　191

1. 個体の発生と細胞の分化　191
2. 細胞の分化能　192
3. 幹細胞　多能性と自己複製　194
4. 細胞の脱分化　195
5. 細胞の分化を制御する　197
6. プログラム細胞死　202

13 | ウイルス　　　　　　　　　　　　　｜ 二河成男　207

1. ウイルスの発見の歴史　207
2. ウイルスの構造　209
3. ウイルスの増殖機構　211
4. ウイルスの遺伝情報と増殖機構　214
5. ウイルスの利用　222

14 | 遺伝子操作の技術　　　　　　　　　｜ 二河成男　226

1. 遺伝子のDNA塩基配列の読み取り　226
2. 遺伝子の導入　228
3. 遺伝子の増幅　234
4. 遺伝子発現の制御　238
5. ゲノム編集　242

15 | 生命科学の現在と未来　　　　　　　｜ 石浦章一　246

1. 老化　246
2. ゲノム解析によるリスクの判定　250
3. 人類の未来　255

索引　260

1 | 分子と細胞の世界

二河　成男

《**目標&ポイント**》 分子や細胞という観点から生物学を学ぶことの意義について考える。また，全体の理解の助けとなるように，細胞を構成する基本的な構造や分子について，その特徴を解説する。
《**キーワード**》 細胞，細胞小器官，核酸，タンパク質，脂質，糖，ユニット構造

1. 細胞，タンパク質，遺伝子

　すべての生物は細胞からできている。例えば，ヒトの成人のからだは，60兆個（37兆個という推定値もある）の細胞からなると言われている。大腸菌や酵母は1つの細胞が1つの個体に相当する。これらの細胞は，いずれも膜で包まれた小さな袋状の構造をとっている。その膜の内部には，細胞自身が合成した物質や，細胞が外から取り込んだ物質がある。これらの物質が細胞の様々な活動を支えている。そして，これら物質の合成や取り込みに関わる物質がタンパク質である。ヒトの細胞の場合，2万種類以上のタンパク質を作ることができる。このようなタンパク質を合成するための情報を保持している部分が遺伝子である。その遺伝子の実体がDNAという物質である。

　より簡潔に説明すると，DNAに刻まれた情報が読み取られて，様々な種類のタンパク質が合成され，そのタンパク質が細胞内ではたらくこ

図 1-1　シュライデン（左），シュワン（中），ウィルヒョー（右）

とによって，様々な生命活動が行われている。よって，この本では，DNA あるいは遺伝子，タンパク質，細胞の構造や機能から，生命現象の理解を目指す。

細胞説から遺伝物質の同定まで

　細胞の概念が確立したのは 19 世紀に入ってからである。あらゆる生物は細胞からなる。そして，すべての細胞は細胞から生じる。この 2 つが 19 世紀に，シュライデン，シュワン，ウィルヒョー（図 1-1）らによって，打ち立てられた細胞説の根幹である。これらは，細胞が生物を構成する基本単位であり，生命活動を担う単位であることと密接に関係している。現在において，生物の特徴として，細胞からなるということが重視されるのも，細胞説的な見方がその根本にある。この細胞説の登場により，動物学，植物学と分離されていた生物観が統合され，地球上の生き物を生物として統合的に扱う基盤ができた。

　そして，化学の発展により生物も分子から構成されていることが分かり，それらの分子を取り出して性質を調べることが盛んに行われるよう

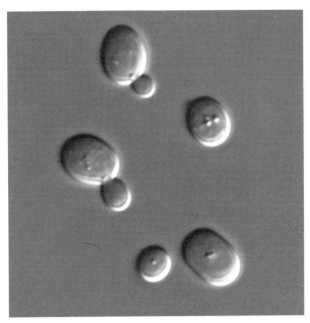

図 1-2 　出芽酵母

になった。当初は，生物や細胞から分子を抽出，精製して，その特徴を調べていた。したがって，分子の特徴は明らかになるが，その分子の生体内，あるいは細胞内での機能を調べることは困難であった。そのため，たとえば酵母のアルコール発酵では，細胞学者は酵母の活動によってアルコールが作られると考え，一方で化学者は化学反応でアルコールが作られ，酵母はそこに存在するだけだと考えた。現在では，酵母の細胞内で，化学反応によりアルコールが生成されていることが分かっている（図1-2）。

　このような細胞を中心とした生物的な研究と，酵素などの分子を中心とした生化学的な研究が独立に行われる状況は，19世紀後半から20世

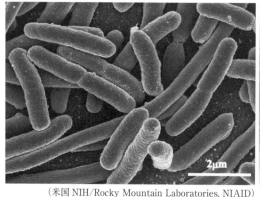 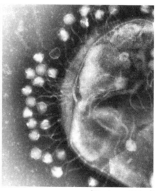

（米国 NIH/Rocky Mountain Laboratories, NIAID）　　　　　　　（Graham Colm）

図 1-3　大腸菌（左）とバクテリオファージ

紀前半まで続いていた。その典型的な例の1つは，遺伝物質であるDNAの研究である。20世紀のはじめには核内にある染色体に，遺伝に関わる物質が存在することが分かっていた。そして，核の成分の1つはDNAであることも知られていた。しかし，DNAが遺伝物質であることが証明されるのは，20世紀の半ばになってからである。このように時間がかかった理由として，当時の科学界では，タンパク質が遺伝物質であるとする誤まった説が主流であったためである。さらにDNAを生物あるいは細胞から取り出すと，その遺伝物質としての機能の検証が困難になることもその解明が遅れた原因である。というのも，DNAは細胞内でその情報が読み取られることによって，はじめて機能を発揮する。したがって，酵素の機能解明において有効であった，細胞から抽出，精製してその機能を調べる生化学的な方法では，DNAが遺伝物質であることを示すことができなかった。

　DNAに遺伝情報が刻まれていることを示した研究の中でも，革新的かつ明快に実証した実験は，ハーシーとチェイスが行った方法である。

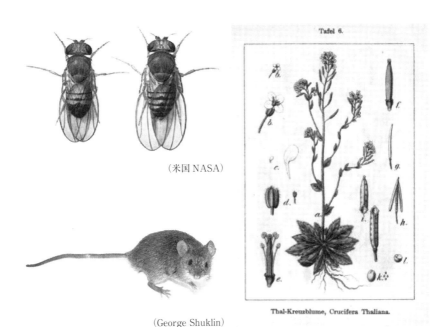

(米国 NASA)

(George Shuklin)

図1-4　キイロショウジョウバエ（左上），ハツカネズミ（左下），シロイヌナズナ

彼らは大腸菌とバクテリオファージ（図1-3）（細菌のウイルス）を実験材料として用いた（第3章参照）。これらは，生物のもつ分子の機能を知るために樹立された実験生物である。この実験は，生物の分子は生物でその機能を調べる必要があることを示している。事実，その後は，大腸菌を用いて遺伝子が関わるさまざまな生命現象が明らかになっていった。現在，よく使われる実験生物であるショウジョウバエ，ハツカネズミ，シロイヌナズナ，酵母なども，その生体内で遺伝子やタンパク質の機能を調べることに適した生物である（図1-4）。

細胞，生体内での分子の機能

　このように生体内での機能を知ることは，基礎研究だけではなく，応

用的な面でも重要である。たとえば，現在は，がん細胞で活発にはたらくタンパク質を特異的に阻害する分子を，抗がん剤として開発する研究が広く行われている。分子のレベルや，培養細胞のレベルでは阻害効果が見られたとしても，それが生物体内，さらには人体でも同様の効果を示すかは，十分な検討が必要であり，実際にその点には細心の注意が払われている。たとえば，抗がん作用をもつ物質が副作用を引き起こすかどうか，引き起こすとすればどのようなものかといったことは，最終的には人体で調べるしかない。

したがって，現代の生物学でも，対象となる生命現象に対して，どのような分子が関わっているかということ，そして，個体や細胞の中で実験的にその分子の役割を確認することが，分子の機能を理解する上では欠かせない。また，現代はこのようなことができる時代でもある。

以上のような観点から，生命を理解する上で，細胞と分子を切り離すことは難しい。したがって，分子が細胞の中でどのように振る舞っているかということ，そして，その細胞や分子の振る舞いの中で，生物によらず普遍的な事柄はどこにあるかという点に着目することが，ミクロあるいはナノのレベルの生物学を理解する助けとなる。また，このような視点は，応用面への利用にとっても必要である（第14章，第15章）。

2. 生物を構成する細胞

私たち，ヒトを含む動物や植物の個体は，複数の細胞からなっている。ただし，細胞の大きさは非常に小さく，ヒトの場合，一番大きいものでも直径が0.1 mm程度である（他の多くの細胞は0.01 mm程度）（図1-5）。髪の毛の太さが，0.07〜0.1 mm程度なので，ヒトの細胞を肉眼で直接見るのは困難である。動物の細胞で，容易に見える細胞といえば，卵である。ニワトリの卵の黄身は1つの細胞である。イクラはサ

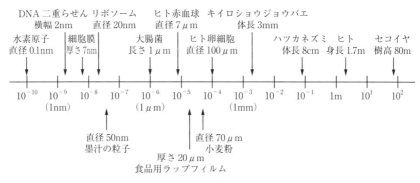

図 1-5 細胞，分子，個体の大きさの比較

ケの卵であり，これも細胞である。ただし，有精卵は胚発生が生じているため，すでに1つの細胞ではない。他の生物，特に藻類には大きな細胞を持つものがいる。食用にも用いられるクビレヅタ（海ぶどう）は，個体の体全体が1つの細胞である。にもかかわらず，葉，茎，根と類似した構造を持つ。ただし，通常の細胞には1つだけある核という構造を，クビレヅタは多数保持している。したがって，1つの細胞というよりも，多数の細胞であるが，個別に分ける壁や膜がない状態に近い。

さらには，大腸菌や酵母といった，1つ1つは目に見えないほど小さな生物も，その個体を形成する構造は細胞である。ただし，これらの微生物は，1つの細胞が1つの個体となる。大腸菌などの細胞は，原核細胞といい，動物や植物の細胞である真核細胞とは，構造に違いがある。本書では，主に真核細胞について解説する。ただし，基本的な構造については，両者に多くの類似点がある。

3．細胞の内部構造

まずは，細胞内部の構造を見てみよう。細胞といってもその形はきわ

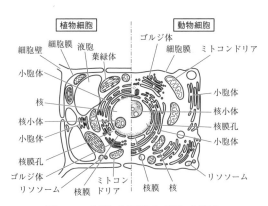

図 1-6 細胞の構造と細胞小器官
(「生化学辞典」東京化学同人, 1998 より改変)

めて多様なので, 図 1-6 は, 細胞として必要な要素を示したものであり, このような細胞が存在するわけではない。

全ての細胞は細胞膜という膜につつまれている。細胞膜は柔軟性に富んだ構造であり, 細胞も種類によってさまざまな形状をとることができる。細胞によっては, 常に形を変えながら移動したりもできる。植物などでは, 細胞膜の外に細胞壁が形成されているので, 頑丈であるが, 形が大きく変化することはない。また, 細胞内部には細胞小器官(オルガネラ)と呼ばれる, 細胞の中で特定の機能を担う構造が存在する。細胞内部の残りの空間は, 細胞質基質(サイトソル)という, タンパク質やその他の生命活動に利用されるさまざまな分子が溶け込んだ水溶液で満たされている。これら細胞小器官や細胞質基質で営まれている, さまざまな生命活動が細胞や個体を維持している。以下に, 主な細胞小器官のはたらきを示す。

核

真核細胞共通に見られる細胞小器官である核は, 球状で, 細胞あたり

1個存在する。また核を包む膜を核膜という。核膜には，核膜孔という小さな孔が多数存在し，細胞質と核との間の物質移動の通路となっている。核の中には，主に遺伝情報を担う DNA と，その折りたたみに関わるヒストンタンパク質が存在する。核内では，DNA の複製（第3章）や，遺伝子情報の転写（第4章）などが行われている。

小胞体

　小胞体も，真核細胞共通に見られる細胞小器官である。一重の膜で包まれており，扁平な袋状や管状の構造がつながった形状をしている。小胞体の機能は，一部のタンパク質への翻訳後，修飾（第6章）や脂質の合成である。細胞の外に分泌されるタンパク質や，ゴルジ体やリソソームに局在するタンパク質は，合成と同時に小胞体の内部（内腔）に入る。そして，正しい構造に折りたたまれ，糖鎖付加などの必要な修飾が施される。細胞膜に存在する膜タンパク質も，小胞体の膜に合成と同時に組み込まれる。

ゴルジ体

　一重の膜に包まれて，扁平な袋状の構造が，層状に重なった構造をしている（図8-9参照）。ゴルジ体は主に，小胞体で作られたタンパク質や脂質，あるいは細胞膜の輸送を担当している。その際には膜で包まれた小胞を用いて，特定のタンパク質をリソソームや細胞外に輸送，あるいは細胞膜の供給を行う。

ミトコンドリアと葉緑体

　ミトコンドリアは多くの真核細胞に見られる細胞小器官である。生体内でのエネルギー運搬，供給に関わる ATP を合成する機能を担っている（図8-10参照）。葉緑体は，真核細胞を持つ生物の中でも，特に植物と藻類に見られる細胞小器官である。光合成によって，光エネルギーを化学エネルギーに変換する機能を有している。ミトコンドリアと葉緑体

は，他の細胞小器官とは異なり，過去に真核細胞の祖先に入り込んだ別の生物に由来し，現在では，独立した生物としての機能を失い，細胞小器官として存在している（細胞内共生説）。

リソソーム

リソソームは，膜に包まれた細胞小器官である。内部は酸性の状態に保たれ，酸性で活性を示すさまざまな加水分解酵素が保持されている（図12-10参照）。その機能は外部から取り込んだものや内部で不要になったものを分解することにある。植物や菌類では，液胞がリソソームとほぼ同じ機能を有している。

細胞骨格

これは，膜に包まれたものではなく，タンパク質が集合した構造体である。いずれも同一の種類のタンパク質が直鎖状につながり，棒状の構造を形成する。細胞が特定の形態を取るための支えとしての機能や，細胞内の分子の能動的な輸送のためのレールとしての役割が，その機能としてあげられる。

4. 細胞の機能

細胞の基本的な機能は何であるか。機能を列挙することはできるが，基本的で理解しておくべき機能となると，どれを選択するかは難しい。それでも選ぶとなると，細胞を生物たらしめる機能になるであろう。まずは，自己複製である。自分自身のコピーを作り出すことが生物の特徴である（第3章，第10章）。また，遺伝と遺伝子発現も細胞の基本機能であろう（第3章-第6章）。後は，代謝（第9章），環境応答（第11章），恒常性の維持なども生物あるいは細胞独特の機能である。本書では，これらの細胞の機能は，以降の章で詳しく説明する。

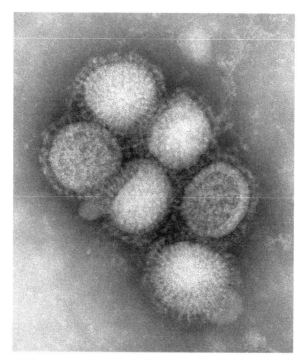

図 1-7　インフルエンザウイルスの電子顕微鏡像
（米国 CDC/C. S. Goldsmith, A. Baltsh）

5．ウイルス

　ウイルスは，タンパク質や脂質の殻に，自身の複製に必要な遺伝情報やタンパク質を持つ構造である（図 1-7）。自身の殻の中では，遺伝子発現や代謝を行わないという点では，細胞とは異なる構造である。ウイルスの生活環は，まず寄主となる細胞に侵入し，その細胞の遺伝子発現機構を乗っ取り，自己複製のために利用する。やがて，細胞内部で生まれた新たなウイルスが，細胞外に放出され，次の細胞に感染するサイク

ルに入る。細胞説にたてば，生物とは異なる構造だが，遺伝情報を保持し，生物と共通の分子機構や遺伝暗号を持つ点では，生物と見ることができる。ウイルスについては，第13章で解説する。

6．生命活動を支える生命分子

　生物は細胞からなり，細胞は分子からなる。そして，細胞内の分子は，細胞の生命活動の実働部隊である。生物を非生物の構造と区別している大きな要素は，構成する分子にある。細胞が生物の本質であることに相違ないが，その機能を担うのは，生体内の分子である。これらの分子は，類似の元素からなり，比較的単純な構造がつながったものが多いので，お互いの性質は比較的よく似ている。したがって，その性質を理解していくことによって，生物全体を俯瞰できるようになるであろう。

　生体内の分子を構成する主たる元素は，炭素，酸素，窒素，水素である（図1-8）。その他，核酸ではリンを，タンパク質では硫黄も利用している。例外はあるが，基本的に化合物を作りやすく，原子価が大きい元素である（1つの原子が，複数の原子と結合できる）。したがって，極めて多様な構造を作ることができるが，実際はそのようなことはなく，生命活動に利用されている構造は限定されたものである。

ユニット化

　生命活動に利用される分子の特徴の1つは，各分子はユニット（専門

酸素	炭素	水素	窒素
65%	18%	10%	3%

カルシウム	リン	カリウム	硫黄	ナトリウム	塩素	マグネシウム
1.4%	1.1%	0.3%	0.3%	0.2%	0.2%	0.1%

図1-8　ヒトの体を構成する重要な元素とその質量比

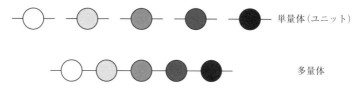
図 1-9　生体内の分子には，ユニット構造が連結した多量体の構造を取るものがある

用語では単量体，モノマー）を連結した多量体（ポリマー）の構造を取る点にある（図 1-9）。例えると，ビーズをつなげたような構造である。ビーズがユニットに相当する。また，多量体を形成しない分子も，他の分子のユニットを改変したような構造を持つものが多い。

このような仕組みは，ユニットを組み直すことによって別の機能をもつ分子を構築でき，資源の再利用が可能となり，効率が良い。事実，細胞は飢餓状態になると自分自身を構成する細胞小器官やタンパク質を分解して，栄養として再利用している（オートファジー　第 12 章）。

分子間にはたらく力

もう 1 つの特徴は，分子間にはたらく弱い力を利用して自己集合する点にある（図 1-10）。細胞膜を構成するリン脂質はその典型である。疎水性部位間ではたらく，疎水性相互作用という力によって，リン脂質同士が集合体を形成して膜となる。DNA が二重らせん構造を形成するのも，タンパク質が特定の立体構造を保持しているのも，分子の内部ではたらく水素結合という引きあう力によっている。これらの結合や集合体は熱等で比較的簡単に解離する。これは分子の集合や分離に必要なエネルギーが小さいためであり，このことが生物や細胞が比較的単純な構造の組合わせで，柔軟かつ多様な機能を備えることを可能にする。以下に，生体内の主な分子について解説する。

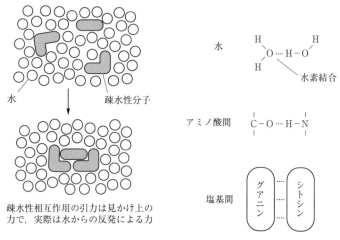

図 1-10　疎水性相互作用（左）と水素結合（右：点線）

水

　細胞内の分子の中で最もたくさん存在する分子である。細胞内での機能は，種々の生命活動に利用される分子を溶かしておく溶媒としてはたらく。また，水に満たされた空間は安定な状態が維持されるため，外部環境の変化にも強くなり，生命活動の恒常性の保持に役立っている。また，多くの生体内の化学反応においても，水が必要である。

タンパク質（第 2 章）

　細胞内で生じている生命活動を実際に行っているのがタンパク質である。ヒトの細胞では，2 万種類余りのタンパク質の情報が各細胞に保持されており，細胞ごとに必要なタンパク質を合成して，利用している。タンパク質は，多数のアミノ酸という分子が直鎖状につながった多量体である。ただし，直線上のままでは正しく機能しないため，タンパク質の種類ごとに，適切な形に折りたたまれている。実際にはたらく時も折

りたたまれた状態で機能をもつ。

核酸（第3章）

　主なものは，DNA（デオキシリボ核酸）とRNA（リボ核酸）である。これらはヌクレオチドがつながった多量体である。ヌクレオチドは，リン酸基，糖，塩基の3つの部位からなる。DNAとRNAの違いは，分子構造に関しては，糖の部位がDNAはデオキシリボース，RNAがリボースであり，塩基の部分がDNAはアデニン，グアニン，シトシン，チミン，RNAではチミンの代わりにウラシルを使っている。機能に関してはDNAにはその生物の遺伝情報が刻まれている。RNAは，メッセンジャーRNA，リボソームRNA，tRNAなど，DNAから遺伝情報を読み取り，タンパク質を合成する機能に強く関わっている（第3章–第6章）。

　また，ATPやNADHなどの分子も，単量体（モノマー）の形でエネルギー運搬体としてはたらくがこれらも核酸に分類される。また，RNAの中には，酵素としての機能をもつものもある。

糖

　生体内では主に，2つの機能があげられる。1つは，エネルギーの貯蔵や輸送の担体としての機能である。植物のデンプンや動物のグリコーゲンなどは，ブドウ糖（グルコース）が結合したものであり，これらを分解して生物は活動に必要なエネルギーを得ている。もう1つは，タンパク質や脂質に付加される糖鎖としての機能である。糖鎖とは，複数の糖が結合した構造であり，細胞膜から外部に露出しているタンパク質には，ほぼ間違いなく糖鎖が付加されている。このような糖鎖は細胞間の認識に利用されるなど，その実態が徐々に明らかになってきている。また，植物の細胞壁を構成するセルロースのような，細胞の構造を保つ役割を持つ場合もある。

脂質

 脂質は，水に溶けにくい（疎水性）分子の総称であり，さまざまな分子が脂質に分類される。細胞の膜の主たる構成分子であるリン脂質（第8章），コレステロールやステロイドホルモンも脂質に分類される。中性脂肪のように化学エネルギーの貯蔵としての役割をもつ脂質もある。

イオン

 生体内の主な分子を先に示した。これらに加えて，生体内の機能において重要な役割をはたす物質として，さまざまなイオンがあげられる。ナトリウムイオン，カリウムイオン，塩化物イオン，カルシウムイオン，マグネシウムイオンなどである。これらは細胞内の電位の調節やタンパク質の活性の制御を行っている。また，水素イオン（プロトン）もATPの合成や，その他の化学反応に寄与している。

 この章では細胞と生命活動に関わる分子について概観した。これらは，遺伝，代謝生理，発生，進化，情報伝達などの生命現象にとっては，器であり，素材である。これらの器や素材からどのようにして生命現象が理解できるかを今後の章では紹介していく。

参考文献

中村桂子，松原謙一（監訳）『Essential 細胞生物学 原書第 4 版』南江堂，2016

池内昌彦ら（監訳）『キャンベル生物学 原書 11 版』丸善出版，2018

D・サダヴァら（著）丸山敬，石崎泰樹（監訳）『カラー図解 アメリカ版 大学生物学の教科書 第 1 巻 細胞生物学』講談社，2010

A. Singh-Cundy, M. L. Cain（著），上村慎治（訳），『ケイン生物学 第 5 版』東京化学同人，2014

2 | タンパク質の構造と機能

石浦　章一

《目標＆ポイント》 タンパク質はアミノ酸が連なった長い鎖であり，細胞内での化学反応や，細胞構造の維持，情報の伝達といった，細胞の機能的分子として，多彩な役割を担っている。このようなタンパク質の機能は，その構造と深い関係を持つことが分かっている。本章ではタンパク質の構造に関わる基本事項を学ぶとともに，機能が構造に依存する例を取り上げて議論する。
《キーワード》 タンパク質，高次構造，アミノ酸，酵素

1. タンパク質の機能

（1）タンパク質の機能

　タンパク質の一部は生体の構成成分となっている。また他のタンパク質は，体内の化学反応にも欠かせない触媒となっている。前者には，筋構造タンパク質，貯蔵タンパク質などがあり，後者には酵素，モータータンパク質，膜タンパク質などがある。構造をつくるタンパク質には，細胞間質に存在するコラーゲンやエラスチン，筋肉のアクチン，ミオシン（酵素でもある），血液中の輸送タンパク質であるアルブミン，眼のレンズにあるクリスタリンなどが挙げられる。一方，細胞内外の化学反応は酵素によって行われている。酵素には一般的に「〇〇アーゼ」という名前がつけられており，その名前で機能が類推できるようになっている。例えば，タンパク質を分解するのはプロテアーゼ，核酸を伸長させ

るのはポリメラーゼ，アミノ基を取るのはデアミナーゼというように名づけられている。しかし，古い時代に名づけられたものの中には，同じタンパク質分解酵素でもトリプシンやペプシンのように「アーゼ」という名がつかないものもある。この他に，酸素運搬の役割があるヘモグロビン，免疫機能に関わるグロブリン，細胞内のモーターとしてはたらくキネシンやダイニン，特殊な機能を持つタンパク質が知られている。

　もう1つの特徴として，タンパク質の中はリン脂質とともに生体膜の構成成分になっているものもある。ホルモンや伝達物質を受け取る受容体，イオンや低分子を通すチャネルやトランスポーターなどがこれに分類される。

（2）タンパク質ファミリー

　現存するタンパク質の多くは進化途上の遺伝子重複の結果できたものであり，一次構造や高次構造がよく似たファミリーが数多くある。Gタンパク質共役型受容体やタンパク質キナーゼがその例で，ヒトでは数百もの遺伝子産物が存在し，それぞれ独自の構造を持つように進化したファミリーを形成していることが知られている。

　祖先種が2つの種に分かれた結果，相互に関連したものになったのをオルソログと呼び，共通な祖先配列から遺伝子重複を通じて別れたものをパラログと呼ぶ。これらをホモログと呼ぶ場合もある。

（3）構成分子アミノ酸

　タンパク質を構成するアミノ酸は20種類である。しかし，体内には数百種類のアミノ酸がある。20種類のアミノ酸がペプチド結合により長くつながった物質がタンパク質である。アミノ酸は，図2-1のようにアミノ基とカルボキシ基を持つ物質で，カルボキシ基の隣のα炭素に

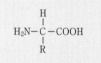  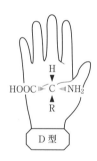

図 2-1 アミノ酸の構造
アミノ酸にはキラリティーがあり（上右），L 型と D 型がある。また，右の図に示すように，20 種類のアミノ酸がタンパク質を構成している。

アミノ基，水素，そして側鎖 R がついた構造をしているが，プロリンだけは例外で，環状の第二級アミノ酸である。生体内の pH（ヒトでは約 7.4）においてアミノ基はプロトン化され，カルボキシ基は脱プロトン化されていて両性イオンになっている。グリシン以外のアミノ酸にはキラリティー（光学活性）があり，地球上のすべての生物は図に示す L-アミノ酸を用いてタンパク質を作る。しかしこれにはもちろん例外があり，細菌の細胞壁には D-アミノ酸が使われているものがある。またラセミ化は時間とともに進行するので，ヒトでも D-アミノ酸は老化組織に多い。例外的に，タンパク質にはセレノシステインなどの希少アミノ酸が取り込まれている場合がある。

(注) 20 種類のアミノ酸：次頁参照

リシン Lys K	アルギニン Arg R	アスパラギン酸 Asp D	グルタミン酸 Glu E
アスパラギン Asn N	グルタミン Gln Q	セリン Ser S	スレオニン Thr T
ヒスチジン His H	フェニルアラニン Phe F	チロシン Tyr Y	トリプトファン Trp W
アラニン Ala A	バリン Val V	ロイシン Leu L	イソロイシン Ile I
グリシン Gly G	プロリン Pro P	システイン Cys C	メチオニン Met M

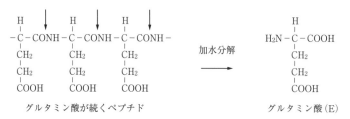

図 2-2　タンパク質の加水分解

（4）タンパク質の大きさ

　タンパク質を加水分解するとアミノ酸になる（図 2-2）。タンパク質は一般に 100 個以上のアミノ酸がつながって高次構造を持ったものを指し，それ以下の小さいものはポリペプチド，オリゴペプチドなどと呼ばれてはいるものの，厳密な区別はない。生物によってタンパク質の大きさは異なり，古細菌であるメタン細菌では平均 287 アミノ酸，真正細菌の大腸菌では 317 アミノ酸，酵母菌では 484 アミノ酸，線虫では 442 アミノ酸となっている。ヒトでも，3000 を超えるアミノ酸でできているタンパク質もある。一般に高等になるほどタンパク質が大きくなる傾向にあるが，これはエキソンがコードする部分が機能を保持したドメインを形成し，進化の過程でエキソンが組み合わさって（エキソン・シャッフリングという），新しい機能を持ったタンパク質が作られてきたためと考えられている。

2. タンパク質の構造

（1）一次構造

　アミノ酸の並びのことをタンパク質の一次構造と呼ぶ。タンパク質の機能は，後に述べるようにこの一次構造によって決定されている。アミノ酸の並び方は DNA の塩基配列が決めているので，遺伝子がタンパク

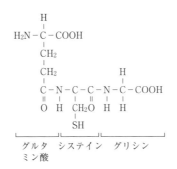

図 2-3　グルタチオンの構造
N 末端のグルタミン酸の γ-カルボキシ基がシステインのアミノ基とペプチド結合を作っている。

質の機能を決定していると言っても過言ではない。アミノ酸の 1 つ Cys（システイン）は，ジスルフィド結合（-S-S-）を作って一次構造間を架橋している場合がある。

　重要なことは，アミノ酸の並び方が少しでも違うとタンパク質（ペプチド）の機能が異なるという点である。これを図 2-3 で説明しよう。ここには，グルタチオンという 3 つのアミノ酸でできたトリペプチドを例にとってある。グルタチオンは，Glu, Cys, Gly というアミノ酸がこの順で並んだ物質である（普通のペプチドは，図 2-2(左)のように通常のペプチド結合でアミノ酸がつながっているが，グルタチオンの場合だけは，1 番目のグルタミン酸の γ カルボキシ基が 2 番目のアミノ酸システインのアミノ基とペプチド結合を作っている）。ゆえにグルタチオンとは γGlu-Cys-Gly を指し，普通のペプチド結合で並ぶ Glu-Cys-Gly や順が逆になった Gly-Cys-Glu などのペプチドはグルタチオンとは別の物質になる。

　Glu, Cys, Gly というたった 3 種類のアミノ酸で作られた通常のペプチド（トリペプチド）でも「3×2×1＝6 通り」の並べ方があり，アミ

ノ酸を指定しなければトリペプチド配列の可能性は「$20 \times 20 \times 20 = 8000$ 通り」となる。例えば Glu-Cys-Gly の場合，1番目の Glu はアミノ基が遊離しており，3番目のアミノ酸 Gly ではカルボキシ基が遊離している。そこで Glu のことを N 末端のアミノ酸，Gly のことを C 末端のアミノ酸と呼ぶ。一般にタンパク質を記述するときには，N 末端を左にしてアミノ酸の並びとして書き表す。簡略化して一文字記号で表す場合もある。

また，数百個のアミノ酸で作られたタンパク質中の1個のアミノ酸が異なっても機能が異なる可能性があり，それが病気の原因となることがある（ミスセンス変異と呼ぶ）。その代表例が鎌状赤血球症で，146個のアミノ酸でできているヘモグロビンβ鎖の6番目のアミノ酸が Glu から Val に変異しているだけで重篤な貧血症になる。これはアミノ酸変異によって，低酸素状態になるとヘモグロビンが繊維状に凝集し，赤血球が三日月型になることからこの名前がついたものである。

（2）二次構造

生体内のタンパク質は一定の形（高次構造）をとっている。その基本が二次構造と呼ばれるポリペプチド主鎖の構造で，αヘリックス，βシート，ランダムコイル構造からなる（図2-4）。これらは，タンパク質の部分的折りたたみで，数個から数十個のアミノ酸で構成されている。αヘリックスは右巻きらせんの円柱状構造で，最も安定な構造である。この場合，側鎖はらせんから外側の方に突き出ている。このαヘリックス構造は，タンパク質が合成されると100 ns（ナノ秒）ほどの短い時間でできてしまうことが知られている。

一方，もう1つの周期的構造であるβシートは，平行または逆平行に走る2つの鎖の間に水素結合が作られ，ひだ状（プリーツスカートに

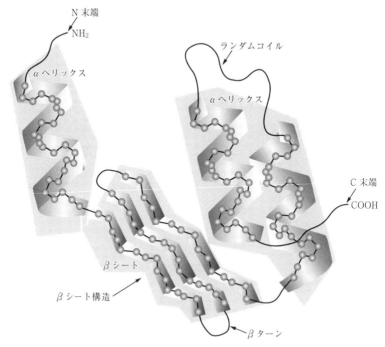

図 2-4　タンパク質の二次構造

似ているので β プリーツシートとも呼ばれる）の安定な構造ができる。逆平行 β シートの場合，曲がりの部分を β ターンと呼ぶ。また，β 構造が丸く集まって円筒形（樽型）の β バレルという構造を作ることもある。

　これ以外にもランダムコイルは，文字通り溶液中で不規則な構造をとるものを指す。このランダム性が話題になっているタンパク質がある。通常は不規則な構造をとっているがランダムコイルではなく，ある生理的条件になると特定の構造をとって新しい機能を持つ，というもので，天然変性領域またはディスオーダー領域と呼ばれている。ここで，他の

タンパク質と相互作用する可能性が指摘されている。

(3) 三次構造

　二次構造を作ったタンパク質は，折りたたまれてひとまとまりの空間的構造（三次構造）を作る。この過程をフォールディングという。このとき，疎水性アミノ酸は内部に，親水性アミノ酸は外部に来るように折りたたまれる。フォールディングは，50〜400アミノ酸から成るドメイン単位で起こると考えられている（図2-5）。ドメインは機能単位と考えられる。特に，真核生物のタンパク質の翻訳速度は1秒間に3アミノ

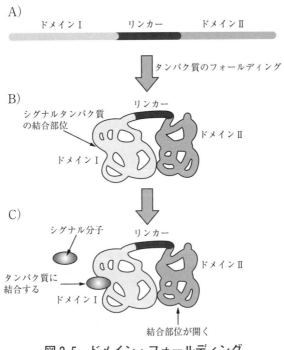

図2-5　ドメイン・フォールディング

酸ほどで，翻訳された部分から折りたたまれるため，必然的にN末端部分が先に折りたたまれ，最後にC末端部分となるため，C末端が最外部に露出していることが多い。原核生物のタンパク質は，全長が翻訳されてから折りたたまれるので，フォールディングの効率が悪い。

　タンパク質のフォールディングが可逆的かどうかについて，アンフィンセンが1957年に行った有名な実験がある。彼はリボヌクレアーゼA（RNaseA）という124アミノ酸から成る酵素を，尿素を用いて変性失活させ，その後，透析操作によって尿素を徐々に除いて，ジスルフィド結合を形成させて完全に活性のあるRNaseAの再生に成功した。この途中でアンフィンセンが観察したことは，まずαヘリックスとβターンが検出され，そのあとドメインが天然とよく似た構造をとって三次構造を形成するのである。すなわち，タンパク質の構造は一意的に決まっていることが初めて明らかにされた。このことから，一次構造には三次構造を決める情報がすべて含まれており，タンパク質の機能を決めていると言えるのである。現在までの知見から，ドメインの三次元モジュールはせいぜい1000通りほどであろうと推測されている。

（4）四次構造

　生体内では，タンパク質はポリペプチド鎖が2つ以上合わさって機能的会合体を形成していることがある。この会合体の個々の成分をサブユニットと呼ぶ。このサブユニットの空間配置のことを四次構造という。例えば，乳酸脱水素酵素（LDH）は4つのサブユニットから成るテトラマー(4量体)酵素であるが，骨格筋ではM型が，心筋ではH型がテトラマーとなっている。通常LDHがあまり存在しない血液中にM4があれば，筋肉が壊れていることを示唆し，H4が検出できれば心筋の壊死が疑われる。ところがM4とH4が同時に存在すると，MとHがハ

イブリッドを形成し，M3H1とか，M2H2, M1H3のような4量体LDHが検出される。これはM型とH型の構造がお互いに似ているせいである。ヘモグロビンも α 鎖と β 鎖が2本ずつ集合して4量体を作るが，このときには厳密に2個ずつ集まって $\alpha_2\beta_2$ という構造をとることによって機能を持つようになる。また，細胞骨格タンパク質であるアクチンのように多量体のらせん構造を形成し，筋肉では収縮成分として，非筋細胞ではミクロフィラメントとして細胞の支持に働いているものもある。

四次構造をもつ利点は，単量体ではできない複雑な制御が挙げられる。例えば，$\alpha_2\beta_2$ 構造を持つヘモグロビンは，酸素の結合によって4つのサブユニットの相互作用が変化し，酸素濃度によって結合様式が変化するというアロステリックな性質を持つ。

3. タンパク質の構造と機能

(1) 酵素の特異性と構造

生体内の化学反応は酵素と呼ばれる生体触媒が穏やかな条件下に行っている。ほとんどの酵素はタンパク質でできている。穏やかな条件というのは，高等生物では細胞内基質のもつ環境であるpH約7，及び体温付近のことである。しかしpHが中性から外れる胃液 (pH1-2)，すい液 (pH>8)，細胞のリソソーム内 (pH4-5) などでは，その各条件に最適pHを持つ酵素が働いている。また，深海の噴出孔や温泉の中に生息する細菌には，最適温度が摂氏100度に近い酵素を持つものも存在する。

酵素のもう1つの大きな特徴が基質特異性である。鍵と鍵穴モデルに示されるように，酵素の活性部位という鍵穴に基質である鍵がぴったり合わさって反応が起こる。図2-6に，タンパク質分解酵素（プロテアー

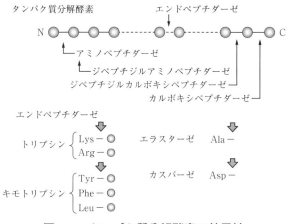

図 2-6　タンパク質分解酵素の特異性

ゼ) の基質特異性を示す。タンパク質はアミノ酸が連なったものであるが，生理機能を終えて不要になると，新生タンパク質を作るためのアミノ酸を補う目的で，体内で分解されなければならない。タンパク質の両末端から順に1個ずつ分解していくよりも，大きくいくつかに分断し，その後両端から分解する方が効率が良いことは明らかである。そのために，タンパク質を大きく分断する酵素エンドペプチダーゼと，両端からアミノ酸をはずすエキソペプチダーゼが存在し，両方がうまく働き合って，タンパク質の分解が進行する。アミノ (N) 末端から1アミノ酸ずつ分解する酵素をアミノペプチダーゼ，カルボキシ (C) 末端から順に分解する酵素をカルボキシペプチダーゼという。図のように，両端からアミノ酸を2個ずつはずす酵素も存在する。

　すい臓から分泌される有名な消化酵素トリプシンとキモトリプシンは，両方ともタンパク質の真ん中を切断するエンドペプチダーゼであるが，前者はアルギニンやリシンなど塩基性アミノ酸のC末端側のペプ

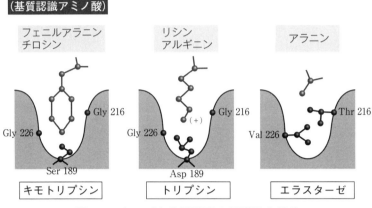

図2-7　タンパク分解酵素の基質結合部位

チド結合を加水分解し，後者はチロシン，フェニルアラニン，ロイシンなど芳香族や大きな疎水性アミノ酸のC末端側のペプチド結合を加水分解する。また，エラスターゼはアラニンなど小さい疎水性アミノ酸のC末端側のペプチド結合を加水分解する。すなわち，同じ臓器から分泌されるタンパク質分解酵素でも役割分担があり，それらの効果が合わさって効率よく食餌性タンパク質を分解できるようになっている。

　このとき，タンパク分解酵素の基質結合部位の構造を簡単に示したのが図2-7である。トリプシンがなぜ塩基性アミノ酸を認識するかというと，基質が入る活性部位のポケットの底にカルボキシ基があり，電気的な結合によって塩基性アミノ酸が活性部位に入る。キモトリプシン活性部位は大きく，芳香族アミノ酸や大きな疎水基を持つアミノ酸が活性部位に入る。一方，エラスターゼの活性部位は小さく，側鎖の容積が小さいアラニンが入りやすいようになっている。

(2) 酵素反応速度論

化学反応 A→B を考える。この時の反応速度 v は，$v=k[A]$（ここで，$[A]$ は A の濃度）となり，この k を速度定数（単位は $\sec^{-1}$）という。v は $[A]$ の減る速度であるので，$v=-d[A]/dt$ と書ける。

$k[A]=-d[A]/dt$ という微分方程式を解くと，$[A]=[A]_0 \cdot \exp(-kt)$ を得る。ここで $[A]_0$ は時間 0 での $[A]$ の濃度である。

最も単純な酵素反応は，一般に次のように書くことができる。酵素はまず基質と結合して，酵素-基質複合体を作り，次に基質を生成物に変換する。酵素を E，基質を S，生成物を P とし，各反応の速度定数を k_1，k_2，k_{-1} とすると

$$E+S \underset{k_{-1}}{\overset{k_1}{\rightleftarrows}} ES \overset{k_2}{\rightarrow} E+P$$

この反応速度 v は，$v=d[P]/dt=k_2[ES]$ である。ここで酵素基質複合体 ES ができる速度は，

$d[ES]/dt=k_1[E][S]-k_{-1}[ES]-k_2[ES]$ …①

となる。基質濃度は酵素濃度よりもずっと大きい（$[S] \gg [E]$）とすると，ミカエリスとメンテンは反応の定常状態を仮定し，①=0 を解いて，

$[ES]=\{k_1/(k_{-1}+k_2)\} \cdot [E][S]$ …②

を得た。ここで

$k_1/(k_{-1}+k_2)=1/K_M$ とおいて，K_M をミカエリス定数とした。

次に，全酵素濃度 $[E]$total を $[E]+[ES]$ とおいて②式を変形する。$[E]=[E]$total$-[ES]$ を代入して $[ES]$ について求めると，

$[ES]=[E]$total$[S]/(K_M+[S])$ を得る。

ここで，$v=k_2[ES]$ であるから，$v=k_2[E]$total$[S]/(K_M+[S])$

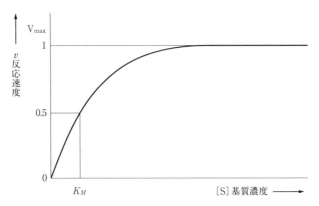

図 2-8　酵素反応：ミカエリス・メンテン式

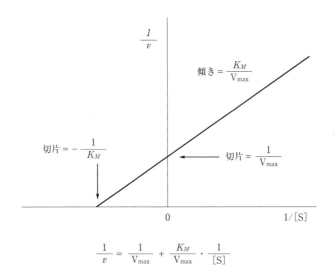

図 2-9　ラインウィーバー・バークプロット

ここで，最大速度 $V_{max} = k_2[E]_{total}$ なので，

$v = V_{max}[S]/(K_M + [S])$ …③

これを，ミカエリス・メンテン式という。

図 2-8 に酵素反応の典型的な図を示す。横軸に基質濃度，縦軸に反応速度（生成物ができる速度）をとってプロットすると，飽和曲線が得られる。飽和時の縦軸の値が最大速度 V_{max} である。ミカエリス定数 K_M は，「反応速度が最大値の半分の時の基質濃度」と定義される。この値は，酵素と基質との親和性を表す定数になっている。この値が小さいほど酵素と基質の親和性が高いことを示す。

また，K_M は有効な触媒反応が起こるのに必要な基質濃度の尺度になっている。③式の逆数をとると，K_M は有効な触媒反応が起こるのに必要な基質濃度の尺度になっている。③式の逆数をとると，

$1/v = (K_M/V_{max}) \cdot (1/[S]) + 1/V_{max}$

という式が得られる。これより，横軸に $1/[S]$ を，縦軸に $1/v$ をプロットすると $y = ax + b$ というかたちの直線になる（図 2-9）。これをラインウィーバー・バークの式という。この直線の y 切片は $1/V_{max}$ となり，x 切片は $-1/K_M$ となって，これより V_{max} と K_M が計算できる。

飽和状態で 1 分子の酵素が 1 秒間に何分子の基質を生成物に変えるかという値を触媒定数 k_{cat} という。これは酵素が特異的な反応をどれくらいの速度で触媒しているかの尺度となり，$k_{cat} = V_{max}/[E]_{total}$ と定義される。トリプシンなどのタンパク質分解酵素では k_{cat} の値は 10^3 以下だが，カタラーゼやスーパーオキシドジスムターゼなどの活性酸素除去酵素では 10^6 以上となる。

(3) 酵素と阻害

酵素反応を特異的に阻害する物質が医薬品としても重要な役割を果たしている。例えば，後天性免疫不全症候群（エイズ）ウイルスにコードされる HIV プロテアーゼに対する阻害剤は，治療薬として数千万人の患者に用いられている。

図 2-10 に酵素と基質，そして阻害剤の反応模式図を示す。拮抗（競

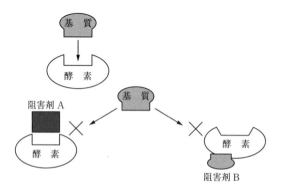

図 2-10　酵素の阻害様式

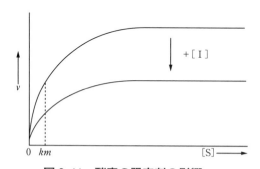

図 2-11　酵素の阻害剤の影響

合）阻害剤 A は，酵素の表面にある基質結合部位に結合することによって，基質との反応を阻害するものである．一般に拮抗阻害剤は，基質によく似た構造をしているもの（基質アナログ）である場合が多い．一方非拮抗阻害剤 B は，基質結合部位とは異なるところで酵素と強く結合し，基質と酵素との結合を防ぐものである．この場合，阻害剤が結合した酵素はもう基質とは結合できず，系から除かれる．そのため，酵素反応曲線は図 2-11 に示すように，K_M は同じで Vmax だけが減少するような曲線になる．

参考文献

Alberts B 他（著）『細胞の分子生物学　第 6 版』ニュートンプレス，2017
Berg JM 他（著）『ストライヤー生化学（第 7 版）』東京化学同人，2013
Lodish 他（著）『分子細胞生物学（第 7 版）』東京化学同人，2016

3 | 遺伝子とDNA

藤原　晴彦

《目標&ポイント》　遺伝子とは，元々19世紀半ばのオーストリアの牧師メンデルが自らの実験結果を説明するのに仮定した概念的な言葉（彼はエレメント（要素）と呼んだ）だった。一方DNAは，メンデルと同時代のスイス人医師ミーシャによって，患者の膿からタンパク質とは明らかに異なる物質として発見された。この二つがワトソンとクリックのDNAの構造解明によって明確に結びつけられるには，実に100年近い歳月が必要だった（表3-1）。19世紀後半になると，タンパク質が様々な機能を持つことが次々と報告され，「遺伝子の本体はタンパク質であろう」という先入観が遺伝物質としてのDNAの発見を遅らせたのかもしれない。DNAの構造解明は，生物学に「DNA（遺伝子）の構造を基にして生物現象を解析する」という大きな発想の転換をもたらした。この章では，遺伝子とDNAの関係，DNAの構造と複製の仕組み，染色体とDNAやゲノムの関係などを解説する。

表3-1　遺伝子とDNAに関する主な研究史

時代	人名	業績
19世紀半ば	メンデル	遺伝の法則と遺伝子の存在を示した。
19世紀半ば	ミーシャ	患者の膿からDNAを発見。
20世紀初頭	モーガン	ショウジョウバエの遺伝子が染色体上にあることを示した。
1928年	グリフィス	形質転換および，肺炎双球菌の病原性が物質で伝わることを発見。
1944年	アヴェリー	グリフィスの見つけた物質がDNAであることを示した。
1952年	ハーシー/チェイス	ファージの遺伝子の本体がDNAであることを示した。
1952年	ウィルソン/フランクリン	X線による解析でDNAのらせん構造を示した。
1953年	ワトソン/クリック	DNAの二重らせん構造モデルを提唱した。

《キーワード》 遺伝子，DNA，塩基，ヌクレオチド，二重らせん構造，半保存的複製，DNA ポリメラーゼ，染色体，ゲノム

1. 遺伝子の本体は DNA である

　親の形質が子に伝わることを遺伝という。形質とは生物の形や性質のことである。メンデルはエンドウマメの形質が子孫に伝わる現象を研究し，個々の形質は「遺伝子」によって決められているという仮説をたてた（図 3-1）。例えば，しわのある豆（種子）と丸い豆を交雑すると丸い豆のみが生じ（第一世代，F_1），さらにこの豆の系統を自家受粉させると，丸い豆としわのある豆が 3：1 の割合で生じる（第二世代，F_2）。メンデルは，

(1) 丸い形質に対応する遺伝子（R）としわのある形質に対応する遺伝子（r）がそれぞれ存在する。

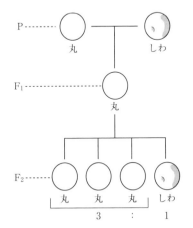

図 3-1　エンドウマメの形質の遺伝

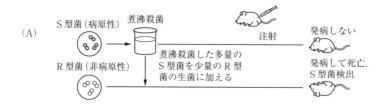

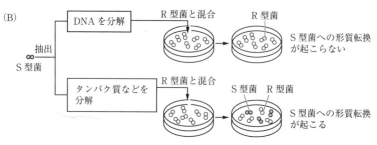

図3-2 グリフィス(A)とアヴェリー(B)の実験

(2) 遺伝子は両親から1つずつ伝わる。

(3) Rとrの組合せではRの形質が優先する。

と仮定し，この遺伝現象をうまく説明することに成功した。第一世代では両親（RR, rr）からRとrの遺伝子をそれぞれ1個ずつ受け取ってRr（丸い豆）となり，第二世代では，Rrの両親からRR（丸），Rr（丸），rR（丸），rr（しわ）がそれぞれ生じたと考えたのだ。しかし，メンデル自身は遺伝子の実体が何であるかは知らなかった。

20世紀に入り，グリフィスとアヴェリーは肺炎双球菌という細菌を使って，DNAが遺伝物質であることを示した（図3-2）。肺炎双球菌には病原性のあるS型菌と病原性のないR型菌が存在する。グリフィスは，菌の外から中へ物質を入れる形質転換という方法で，非病原性のR型菌に，煮沸して殺した病原性のS型菌の抽出物を入れると病原性を持つようになることを発見した。さらにアヴェリーは，S型菌の抽出物

をDNA分解酵素で処理すると効果がなくなることを見出し、グリフィスが見つけた熱に安定な物質はDNAであろうと考えた。20世紀半ばになると、ハーシーとチェイスがバクテリオファージ（細菌に感染するウィルス）を使ったより詳細な実験を行い、遺伝子を運ぶ遺伝物質がDNAであることを証明した。遺伝物質がDNAであることは判明したものの、この段階では遺伝子がどのような形でDNAに含まれているのかは分からなかった。ハーシーとチェイスの実験の翌年の1953年、ワトソンとクリックはDNAの二重らせん構造を発表し、分子生物学の世紀の幕が切って落とされた。次節ではDNAの構造の詳細を見ていくことにする。

2. DNAの構造

（1）DNAの基本ユニット：ヌクレオチド

核酸にはDNAとRNAの2種類があるが、共にヌクレオチドという単位が長くつながった構造をしている。DNAのヌクレオチド構造は、二重らせん構造や、複製（細胞分裂で同じDNAが生じる過程）や転写（DNAからRNAが合成される過程）のしくみを理解する上で重要な知識なので、少し詳細に説明する。

ヌクレオチドは、核酸塩基（単に塩基とも呼ぶ）、糖（DNAではデオキシリボース）、リン酸の3つの部分から構成されている（図3-3）。遺伝情報にとって最も重要なのは核酸塩基で、DNAではA（アデニン）、G（グアニン）、C（シトシン）、T（チミン）の4種類がある。糖は5つの炭素原子を含み、その2位の炭素にはDNAでは水素基−H（RNAでは水酸基−OH）が結合しており、DNAの糖はデオキシリボース（RNAはリボース）と呼ばれる。DNAはデオキシリボ核酸（Deoxyribo Nucleic Acid）の略であるが、その名は糖の名称から由来

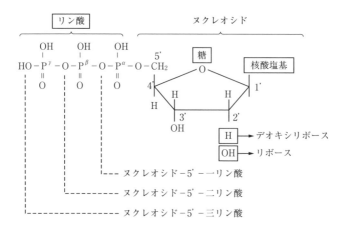

図3-3 DNA のヌクレオチドの構造

していることが分かる。

　糖の1位の炭素原子に核酸塩基が結合した状態をヌクレオシドと呼ぶ。例えばデオキシリボースにアデニンが結合するとデオキシアデノシンとなる（図3-3）。さらに，ヌクレオシドにリン酸基が結合したものをヌクレオチドと呼び，デオキシアデノシンの5位の炭素（ヌクレオチドでは核酸塩基の炭素の番号と区別するために5'（プライム）と呼ぶ）の位置にリン酸が一つついたものをデオキシアデノシン一リン酸と呼ぶ。さらにリン酸基が三つ結合したものをデオキシアデノシン三リン酸（deoxy Adenosine Tri Phosphate）と呼び dATP と省略して書く。

DNA の複製では，dATP，dGTP，dCTP，dTTP がそれぞれ合成の際の基質として使われることは覚えておくとよい。

（2）ヌクレオチド間のリン酸ジエステル結合

DNA や RNA の構造を見ると，ヌクレオチドの間には必ず一つのリン酸基が存在する。この構造をリン酸ジエステル結合と呼ぶ（図 3-4）。この結合は DNA の複製時に DNA ポリメラーゼによって作られる。エステルとは酸とアルコール（－OH 基をもつ物質）が脱水縮合した構造

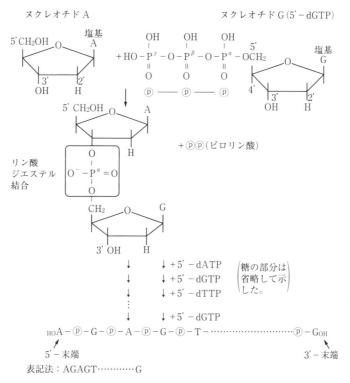

図 3-4　リン酸ジエステル結合の形成

である。例えばデオキシアデノシン（簡略のため以下は塩基の記号でAと略す）にヌクレオチドGが結合する場合を見てみよう。一つ目のヌクレオチドAの3′位の−OHと二つ目のGの5′位の−OHがそれぞれリン酸（α位）の2ヶ所のOで脱水縮合して結合している。実際のポリメラーゼの反応では，3つリン酸がついたヌクレオチドが基質として使われ，脱水縮合時に2つのリン酸（ピロリン酸）がはずれてこのような構造が生じる。DNAやRNAでは隣に結合していない二つの異なる末端のヌクレオチドが生じる。隣に結合していない5′-OHと3′-OHをそれぞれ5′-末端，3′-末端と呼ぶ。転写や複製は必ず5′末端から3′末端に向かって起こる。また，DNAやRNAのヌクレオチドの並び方（塩基配列と呼ぶ）は，AGTTCA……のように，リン酸基を省略して塩基の種類で5′から3′に向かって書くのが普通である。1000個の塩基が繋がったDNA配列は1000 bp（base pair：塩基対，下記参照）（もしくは1 kbp）と表示したりする。

（3）塩基対の形成とDNA二重らせん構造

　DNAとRNAの大きな違いは，前者はふつう2本鎖の状態で存在することである。ワトソンとクリックは，従来の知見とDNAの結晶構造データを組み合わせて有名な二重らせんモデルを構築した。そのモデルには2つの特徴が含まれている（図3-5）

① **塩基対**：二重鎖の中で，アデニン(A)とチミン(T)，グアニン(G)とシトシン(C)は水素結合により強く結びつく性質がある。この特異的な結合を塩基対と呼ぶ。

② **逆平行の二重鎖**：DNAは一見同じ方向に絡みついているように見えるが，実際には2本のDNA鎖は5′末端から3′末端に向かう方向性が逆になっている。同じ方向では塩基対は形成されない。この二つの

性質から DNA はなぜか右巻きの螺旋となるのがふつうである。約 10 塩基ごとに 1 回転し，大きな溝と小さな溝が交互に繰り返すような構造をしている。塩基対の形成（相補性とも呼ぶ）と二本鎖の逆方向性の性質は DNA の複製や RNA への転写時にも利用される。

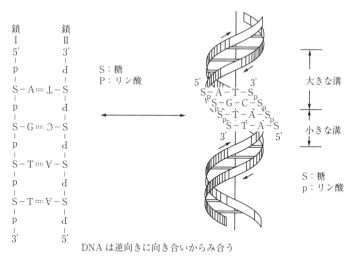

図 3-5　DNA の塩基対形成と二重鎖モデル

（4）DNA 構造の意味するもの

　ワトソンとクリックの発見は，遺伝子の物質としての構造を明らかにしたという点で大きなインパクトを与えた。しかしそれ以上に，二重らせんという構造自体に「親から子へ同一の遺伝子の情報を伝えうる」性質が備わっていることが科学者に衝撃を与えた。AとT，GとCが必ず対になるという性質（相補性）から容易に想像できるのは，DNAが複製するときにも相補性が利用されるのではないかということである。同じものが増える，伝わるという遺伝の本質は，ある意味では核酸塩基という物質の性質の中に隠されている。彼らは，論文の中でこのことを次のように表現している。

"It has not escaped our notice that the specific paring we have postulated immediately suggests a possible copying mechanism for the genetic material."

（私たちが提唱する特定の塩基の対合はすなわち，遺伝物質がコピーされる機構を暗示していることをよく認識している）

3. DNA 複製のしくみ

（1）半保存的複製

　我々の体を構成する細胞は基本的にはすべて同じ DNA を持っている。これは，もとの細胞がもっていた DNA と同じ DNA が作られ，分配されたからである。細胞が分裂するたびに DNA が正確にコピーされる過程を複製と呼ぶ。ワトソンとクリックの DNA の二重鎖構造にヒントを得て，DNA が複製される仕方を明らかにしたのは，メセルソンとスタールである。複製の際に DNA がどのように増えるのかにはいくつかの仮説があった（図3-6）。一つの可能性は2本の鎖が1本ずつに分離して，それぞれが新しく合成された鎖と一緒になって，2組の DNA

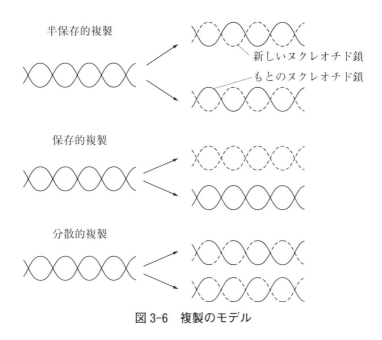

図 3-6　複製のモデル

が新たに生じるやり方である。どちらの2本鎖も，一方の鎖はもとからあった鎖なので，このような複製方式を半保存的複製と呼ぶ。それに対して，元の二重らせんのDNAはそのままで，もう一つ新たな二重らせんDNAをつくる全保存的複製，もとのDNAをバラバラにして新たに作り直す分散型複製なども想定されていた。

　そこで，メセルソンとスタールは大腸菌のDNA複製を調べることにした（図3-7）。大腸菌を，$^{15}NH_4Cl$を含む培地中で何世代も培養して，DNAに含まれる窒素原子を^{14}Nから^{15}N（^{14}Nの同位体）に置き換えた。^{15}NのDNAは密度が高いので，遠心分離（塩化セシウムを用いた密度勾配遠心法）すると，^{14}NのDNAよりも遠心管の下側にバンドを形成する。この大腸菌を，$^{14}NH_4Cl$を含む培地で培養して同様に実験を

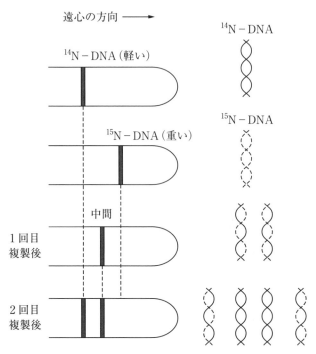

図 3-7　メセルソンとスタールの実験

行うと，1回分裂した後の DNA は ^{14}N と ^{15}N の DNA の中間にバンドを作り，さらにもう1回分裂した後は中間のバンドと ^{14}N の DNA のバンドが存在した。この結果は，図からも分かるように DNA の複製が半保存的に行われていることを支持する。現在では，地球上のすべての生命は半保存的複製によって DNA を増やしていることが分かっている。

（2）DNA ポリメラーゼによる DNA 合成

　DNA の複製の仕方は分かったが，具体的に新しい鎖はどのようにして作られるのだろう。半保存的複製では，もとからある DNA の2本鎖

がそれぞれ鋳型の役目をする。例えば，鋳型となる1本鎖に塩基Aがあると，相補的な関係にあるTが結合し，GがあるとCが結合する。鋳型上にはこのように新たな塩基（正確にはヌクレオチド三リン酸）が次々と結合し，それらが連結されて新たなDNAが合成されていく（図3-8）。DNAの合成を触媒するのはDNAポリメラーゼという酵素（タンパク質）である。DNAポリメラーゼは，鋳型DNAの方向性とは逆方向の5'→3'の方向にのみ（決して3'→5'には起こらない），合成中のDNAの最も3'末端のOHに，次のヌクレオチドの5'-OHをリン酸ジエステル結合でつないでいく。

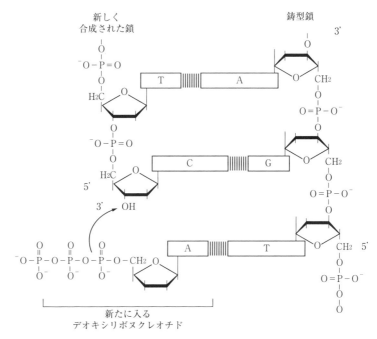

図3-8　DNAポリメラーゼによるDNA伸長反応

大腸菌などの原核細胞，ヒトなどの真核細胞，いずれにおいても複数のDNAポリメラーゼが存在することが知られている。大腸菌で最も重要なのはDNAポリメラーゼⅢと呼ばれる酵素である。また，真核細胞ではDNAポリメラーゼαとγが重要であることが知られている。

（3）原核細胞と真核細胞での複製開始

DNAの長さは大腸菌でも400万塩基対以上，ヒトでは30億塩基対（23本の染色体DNAを全部合わせて）にものぼる。DNAの複製はどのように始まり，またこのように長いDNAはどうやって複製されるのだろう。大腸菌のような原核細胞のDNAはふつう環状になっている（図3-9（A））。複製を開始する場所は一箇所（複製起点と呼ばれる）で，まずその部分のDNAの二重らせんがヘリカーゼという酵素によって開かれ，部分的に1本鎖の部分が生じる。次にDNAの合成の開始に必要なRNAを作るRNAプライマーゼという酵素が作用し，DNAポリメラーゼによる合成がスタートする。複製は両方向に進むため，環状のDNAが少しずつ開いていき，完全に複製が終了すると，二つの環状のDNAが分離する。一方，真核細胞では，線状の長いDNAの複数の場所で複製が開始される（図3-9（B））。電子顕微鏡で複製途中の様子

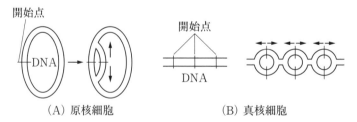

図3-9 原核細胞(A)と真核細胞(B)の複製開始点

を観察すると，ちょうど泡のような構造が線状のDNAにいくつも並んでいるのが見える。これは複数の複製開始点から両方向にDNA合成が進行している様子を示したもので，DNA合成が進むと泡はふくらんでいき，最後にはそれらが融合して複製が完了した2セットのDNAが生じる。

(4) 複製フォークにおけるDNA合成と岡崎フラグメント

　DNAの複製のしくみを調べていく過程で，科学者たちは大きな矛盾点に気がついた。DNAの合成は必ず$5' \to 3'$にしか起こらない。また，複製が起こっている場所では鋳型鎖となるDNA鎖は2本あり，両方の鎖は互いに逆向きの方向に絡み合っている。ここで，複製がちょうど起こっている場所（その形から複製フォークと呼ぶ）をよく見てみよう（図3-10）。片側の鎖では，複製が進んでいく方向（フォークが開いていく方向）と同じ方向に連続的にDNA合成を進めることができる。この鎖をリーディング鎖（先導鎖）と呼ぶ。ところが，もう一方の鎖では，複製が進んでいく方向と逆向きにしかDNAを合成できないことになる。つまり，この鎖では複製が進行すると，一旦DNAの合成が停止し，フォークの根本に近いほうからまた新たなDNA合成を開始する必要がある。不連続なDNA合成を行わねばならないこの鎖をラギング鎖（遅延鎖）と呼ぶ。果たしてこのようなやり方が可能なのか？　日本の岡崎令治博士は，実際にこのような断片化したDNAが存在することを発見し，ラギング鎖では不連続なDNA合成が起こっていることを証明した。岡崎博士の発見の栄誉を称えて，現在ではこのDNA断片のことを岡崎フラグメントと呼んでいる。ラギング鎖ではフォークの根本に近い部分でDNA鎖がループ状に輪を作っており，リーディング鎖と同じように複製方向と同じ方向に向かうようになり，「逆方向のDNA合成

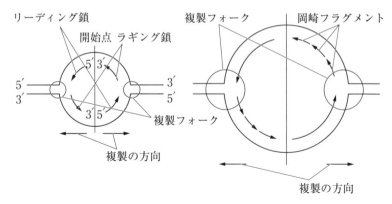

図3-10　複製フォークと岡崎フラグメント

を一度に行う」という矛盾点を一時的に解消しているともいわれている。複製フォークでは，DNAポリメラーゼ以外にも多数のタンパク質が巨大な複合体を形成して，複雑な複製過程が安定・正確に進行するように制御されている。

（5）DNAポリメラーゼの校正機能

　DNAポリメラーゼは極めて正確にDNAを合成する能力をもっており，塩基対を形成する際の間違いは1万ヌクレオチドあたり1回程度とされる。しかし，30億塩基対もの遺伝情報をもつヒトのDNAでは，複製のたびに数十万塩基ものミスが生じてしまうことになる。実際にはDNAポリメラーゼが誤った塩基を入れた場合には，一旦そこで合成を停止し，誤った塩基を切り取って正しい塩基を入れなおす機能（校正機能と呼ぶ）を持っている。この機能によって，複製時の間違いの頻度は最終的に10億ヌクレオチドに1回程度まで下げられている。

4. 染色体とDNA

(1) 遺伝子とDNAの関係

　メンデルが発見したエンドウマメの遺伝子は，現在ではSBE1（starch branching enzyme 1）という酵素（デンプン分子の枝分かれを合成する）であることが分かっている。丸い豆（R）のSBE1遺伝子は正常でこの酵素がはたらくが，しわの豆（r）のSBE1遺伝子は破壊されていてこの酵素が働かず，最終的に水分がなくなって「しわ」になってしまう。両親からひとつずつ遺伝子が由来するのは，父方と母方の相同染色体にそれぞれ遺伝子が存在するからだ。Rrの個体では少なくとも正常な遺伝子が一つはあるのでSBE1は機能するが，rrでは正常な遺伝子がないのでSBE1が働かないことが容易に理解できる。

　このように，個々の遺伝子の情報は塩基配列の形でDNAの上に存在している（図3-11）。それでは，DNA上にはどのような形で遺伝子が存在しているのだろうか？　1種類の生物のすべての遺伝情報をゲノムと呼ぶが，ゲノムDNA（すべての染色体のDNA）の中では個々の遺伝子は特定の位置を占めるように存在している。例えば，ヒトでは22000[1]種類の遺伝子が存在することが分かっているので，1個の遺伝子がゲノムDNA全体の中で占める割合は少ない。また，高等な動植物のゲノムでは遺伝子ではない（タンパク質の遺伝情報以外の部分）領域が膨大に存在するので，最終的に1個の遺伝子が占めるDNAは，全体の長さからすると極めて短い（長くても100 kbp以下の遺伝子が多い）。

　従って，エンドウマメのSBE1遺伝子の遺伝情報も同様に，「第××染色体の×××番目のヌクレオチドから××××番目のヌクレオチドま

---

[1] 最新の報告では21000ともいわれている。

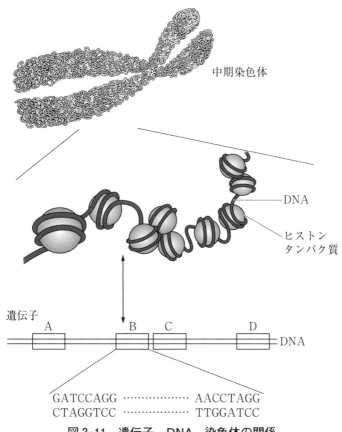

図 3-11　遺伝子，DNA，染色体の関係

での塩基配列」として存在している。上述したように複製は極めて正確に起こるので，R の遺伝子にコードされる正常な SBE1 の情報は常に子孫（細胞や次の世代）へ正しく伝わる一方，r の破壊された SBE1 の情報も子孫にそのまま引き継がれることになる。

（2）染色体とDNAの関係

　真核細胞では，DNAは1本ではなく複数のDNAとして存在する。例えば，私たちの体を構成する細胞（体細胞と呼ぶ）には，22対の相同染色体と2本の性染色体（男性はXY，女性はXX）の合計46本の染色体が含まれている。それぞれの染色体中のDNAの大きさはまちまちで，含まれている遺伝子の数や種類も異なる。では，染色体とDNAとはどのような関係にあるのだろう（図3-11）。DNAは核の中では単独で存在するのではなく，ヒストンなどのタンパク質と結合した状態で存在する。DNAは複製が終了すると，徐々に収縮しはじめ，顕微鏡で観察すると紐状の構造物が見えるようになる（第10章参照）。この構造体をふつうは染色体（最も収縮したものを中期染色体と呼ぶ）と呼んでいる。細胞が分裂する際に長いDNAが絡まって切断されないように，このような構造が出現すると考えられる。従って，染色体とは，特定の時期に現れるDNAを収納している構造体と考えられるが，現在では収縮していない時期でも，DNA（例えば染色体DNA）と同様の意味で使われることも多い。

参考文献

B. Alberts 他（著），中村桂子・松原謙一他（翻訳）『細胞の分子生物学（第6版）』ニュートンプレス，2017

藤原晴彦（著）『新版よくわかる生化学―分子生物学的アプローチ』サイエンス社，2011

東京大学生命科学教科書編集委員会（著）『理系総合のための生命科学　第4版』羊土社，2017

4 | DNAからRNAへの転写とその調節

藤原　晴彦

《目標&ポイント》 DNAからRNAが合成される過程を転写と呼ぶ。転写は，個々の遺伝子の遺伝情報が発現される最初のステップである。タンパク質の情報に対応するDNA領域がmRNAとして転写される以外に，細胞内ではたらく様々なRNAもDNAから転写される。鋳型となるDNA領域は，RNAポリメラーゼという酵素によってRNAに写し取られる。転写は細胞内ではたらく遺伝子の種類や量を調節する上で最も重要なステップである。必要なときに必要な遺伝子の転写量が調節されることにより，個体や細胞の環境への応答，細胞分化や発生過程が制御されている。その調節の仕組みは原核細胞，真核細胞で基本的には似通っているが，核の中で転写が起こる真核細胞では，より複雑で精緻な制御が見られる。この章では，RNAの種類や合成の仕方，原核細胞と真核細胞における転写と調節の仕組みを解説する。
《キーワード》 転写，メッセンジャーRNA（mRNA），RNAポリメラーゼ，オペロン，シス因子，トランス因子，転写因子

1. 転写とは何か

（1）発現の第一ステップ：転写

　DNAの複製が，遺伝情報を細胞子孫へ伝えるものとするならば，DNAからRNAへの転写は細胞自身を維持するために，個々の遺伝情報を利用するステップと考えられる。遺伝子が細胞内ではたらくことを「発現する」という。それぞれの遺伝子の塩基配列の情報は必要に応じてRNAの塩基配列に転写され，さらに翻訳のステップでアミノ酸配列

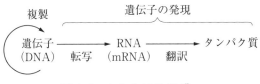

図 4-1　セントラルドグマ

に変換される結果，さまざまなタンパク質が細胞内で機能しうる。従って，転写は遺伝子発現の第一ステップである。DNA の構造を解き明かしたクリックは，複製，転写，翻訳における遺伝情報の流れを図式化し，セントラルドグマと称した（図 4-1）。生命活動の大半は遺伝子の発現によって支えられているが，その調節の多くは転写の段階で行われている。このような調節を可能としているのは，個々の遺伝子に調節の目印となる配列（シス因子，シス制御配列などと呼ばれる）が存在しているからである（下記参照）。シス因子に作用するタンパク質（トランス因子，転写因子などと呼ばれる）が転写の開始を制御することにより，必要な時に必要な場所で適切な遺伝子が転写され，我々の生命活動が維持されている。

（2）RNA を合成する RNA ポリメラーゼ

　DNA から RNA を合成する酵素は RNA ポリメラーゼと呼ばれる。RNA 合成も DNA 合成と同様に，ポリメラーゼが鋳型の DNA に相補的な塩基を $5' \to 3'$ の方向へつなげていく（$3' \to 5'$ の方向には起こらない）（図 4-2）。ただし，A（アデニン）に相補的な塩基は T（チミン）ではなく，U（ウラシル）である。また，酵素の基質として使われるのはデオキシヌクレオシド三リン酸（糖がデオキシリボースでできている）ではなく，ヌクレオシド三リン酸（糖がリボースでできている）である。RNA ポリメラーゼは，ヌクレオシド三リン酸のエネルギー（高エ

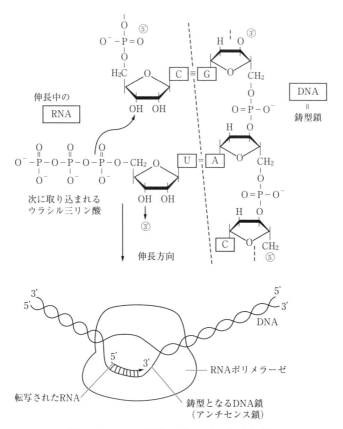

図 4-2　RNA ポリメラーゼによる転写

ネルギーリン酸結合）を使って，伸長していく RNA 鎖の 3′ 末端に鋳型 DNA の配列と相補的なヌクレオチドをつなげていく。DNA 合成のときと同じように，ヌクレオシド三リン酸からピロリン酸（2 個のリン酸）がはずされ，3′ 末端の OH と新たに取り込まれたヌクレオチドの 5′ 末端の OH の間にリン酸ジエステル結合が形成される。合成された RNA 鎖はセンス RNA（意味のある RNA）と呼ばれ，それに相補的な

鎖はアンチセンス鎖と呼ばれる。従って，鋳型となった DNA 鎖はアンチセンス鎖である。ワトソンクリックの塩基対形成のルールから想定されるとおり，鋳型となる DNA の $5' \to 3'$ の方向と新しく合成される RNA の $5' \to 3'$ は逆方向になっていることに注意しよう。このような RNA の合成様式は，RNA や RNA ポリメラーゼの種類（下記参照）に関わらず，原核細胞，真核細胞で共通している。

（3）遺伝子には大きさがある

遺伝子として意味のある情報が DNA のどちらの鎖に書き込まれているかに関しては，基本的に制約はない（図 4-3）。また，個々の遺伝子には，転写が始まるヌクレオチドの場所（転写開始点）が明確にあり，また転写が終了する場所も存在する。転写開始点は+1 と表記し，転写が起こっていく方向（下流という言い方をする）に向かって数が増え，例えば遺伝子全長が 1500 塩基（図 4-3 の C 遺伝子）であれば，「+1 から+1500 までが RNA に転写される」ことになる。一方，転写が起こらない上流は−で表示し，上流に向かって−1 から数が増える，という表記方法を使う。また，DNA 複製では 1 コピーの DNA 分子が新たに合成されるだけであるが，転写では RNA ポリメラーゼが遺伝子を何度も転写するのがふつうである。従って，RNA は転写される際に自由に

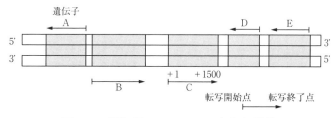

図 4-3　遺伝子のユニットの向きと構造

コピー数が変わり，細胞内を移動しうる情報物質としてはたらく。

（4）転写されるRNAの種類

ウィルスや原核細胞の多くでは，小さなゲノムに最小限の遺伝子しか含んでおらず，DNAの大半の領域はRNAに転写され，それらの生命活動に利用されている。一方，高等な動植物では，巨大なゲノムDNA中でタンパク質に対応する（コードするという言い方をする）遺伝子の領域はごくわずかである。例えばヒトのゲノムDNAは約30億塩基対からなるが，そのうちでタンパク質をコードする領域は2%ほどといわれる。従って，高等な動植物ではタンパク質をコードするRNAとして転写されるのはDNAの中でも一部の領域に限られる。

転写される領域の1つ1つが遺伝子であり，タンパク質の情報が含まれるもの（これだけを遺伝子と呼ぶ場合もある）と，RNAの情報だけが含まれるものがある。タンパク質の情報を含むRNAはmRNA（messenger RNA）と呼ばれ，ヒトでは20000〜22000種類が知られている。一方，RNA自体がはたらくものは多数知られており，アミノ酸を運搬するtRNA（transfer RNA），リボソームを構成するrRNA（ribosomal RNA），スプライシングにはたらくsnRNA（small nuclear RNA）

表4-1 RNAの種類とRNAポリメラーゼの種類

	RNAの名称	長さ（b）	主な働き	真核細胞でのRNAポリメラーゼ
タンパク質をコードする	mRNA	500〜10 kb	タンパク質をつくる	II
タンパク質をコードしない	tRNA	70〜90	アミノ酸の運搬	III
	rRNA	120〜4 kb	リボソームの構成	I（5 SはIII）
	snRNA	100〜500	スプライシング等	IIIもしくはII
	siRNA / miRNA 等	20〜30	遺伝子発現の抑制	IIIもしくはII

などが知られる（表4-1）。最近では，遺伝子の発現を抑制するsiRNAやmiRNAといった膨大な種類のRNAが見つかって大きな進展をみせている。

2. 原核細胞における転写とその制御

　原核細胞では1種類のRNAポリメラーゼが全ての種類のRNAを合成する。以下では主にmRNAの転写開始の制御について説明する。

（1）転写開始の制御：シス因子（シス制御配列）とトランス因子（転写因子）

　RNAポリメラーゼはDNAポリメラーゼと異なり，合成の開始にプライマーRNAを必要としない。これは，遺伝子の転写が始まる直前のDNA配列上に，RNAポリメラーゼが認識する特別な配列（プロモーター）が存在するからである。原核細胞のRNAポリメラーゼはいくつかのタンパク質からできており，このうちシグマ（σ）因子がプロモーター領域を認識する働きをもっている（図4-4）。転写開始点より約10塩基対上流にあるTATAATG（－10領域：プリブナウ配列とも呼ばれる）と約35塩基対上流にあるTTGACA（－35領域）という2つの部分がプロモーターとして特に重要だといわれる。これらはRNAと同じ配列をもつDNA鎖（センス鎖）上の配列として表示されていることに注意しよう。σ因子がこれらの配列を認識すると，RNAポリメラーゼがDNAの二重らせんをほぐしながらRNAの合成を開始し，RNA鎖を$5' \rightarrow 3'$方向へ伸ばしていく。

　σ因子には複数の種類があり，それぞれがRNAポリメラーゼに異なるプロモーター配列を認識させる。例えば大腸菌で，高温にさらされると転写が誘導される遺伝子（熱ショック遺伝子）の上流には，通常のプ

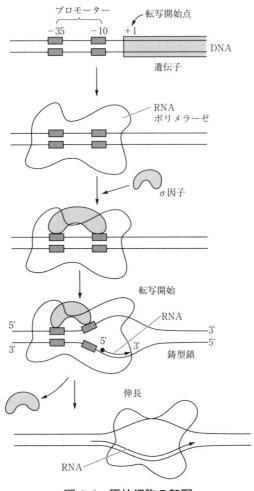

図 4-4　原核細胞の転写

ロモーターとは異なる熱ショックプロモーター配列（−35 領域：CTTGAA，−10 領域：CCCGATAT）が存在し，それらを特別に認識する特別な σ 因子（σ^{32}）が転写を開始させる．原核細胞の多くでは，

いくつかの遺伝子に対してこのように単純なスイッチがRNAポリメラーゼとともに働いている。プロモーターのように遺伝子と同じDNA上にあるシグナルをシス（同じ側の意）因子，σ因子のようにシス因子を認識するようなタンパク質をトランス（反対側の意）因子と呼ぶ。遺伝子の転写制御の多くは，シス因子とトランス因子の間の相互作用によって説明されることが多く，このような制御方法は真核細胞においても共通している。

（2）転写終了の制御

転写の開始に比べると，転写の終了自体が遺伝子の発現に影響を与えることは少ない。原核細胞では，転写が終了する前にステムループ構造（輪（ループ）を根本でくくるような構造）を作りやすい領域が存在し，そこでmRNAからRNAポリメラーゼがはずれる。もしくは，特別な終結因子（ρ因子：ロー因子）が関与している，などいくつかの終結機構が存在する。

（3）オペロンにおける転写制御

数千以上の遺伝子から，特定の遺伝子のみを転写させるのはどのようなしくみによるのだろう？　転写の調節機構を考える上で，50年ほど前に大腸菌を用いて糖の代謝を研究していたジャコブとモノーらが提唱したオペロン説は，現在も大きな影響を残している。ちなみにジャコブとモノーはその研究により1965年にノーベル生理学医学賞を受賞している。

真核細胞では，1つのmRNAは通常1つのタンパク質の情報のみを含む（これをモノシストロンと呼ぶ）が，原核細胞では機能的に関連したいくつかのタンパク質の情報を含む場合が多く（ポリシストロン），

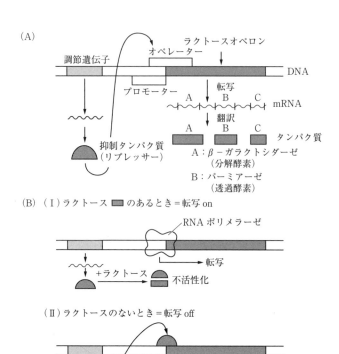

図 4-5　オペロン説

このような遺伝子単位をオペロンと呼ぶ。例えば，ラクトースという糖（乳糖）を大腸菌が栄養分として利用するときには，ラクトースを分解する酵素（β-ガラクトシダーゼ）以外に，ラクトースを取り込む酵素（パーミアーゼ）などが必要とされる（図 4-5（A））。これらの関連遺伝子は一旦一つの mRNA として転写され，翻訳の段階でそれぞれのタンパク質の情報が読まれる。大腸菌は培地にグルコースが含まれている限り，ラクトースを加えても利用されることはない。しかし，ラクトー

スしか含まない培地に移すと，数分以内にラクトースを利用できるようになる。これは，それまで十分に発現していなかったラクトースオペロンが発現するようになったからと考えられる。

ラクトースオペロンのオペロン説の要点は次の3つである。
① 遺伝子の上流にはその働きを調節する調節遺伝子が存在する。
② 調節遺伝子が抑制タンパク質（トランス因子）のアミノ酸配列をコードしている。
③ 抑制タンパク質がオペロン遺伝子上流のオペレーター配列（シス因子）に結合するとその転写が抑制される。

転写制御のしくみは次のように説明できる（図4-5（B））。オペレーター領域はRNAポリメラーゼが認識するプロモーター領域と一部重なっているため，抑制タンパク質が結合しているとRNAポリメラーゼが転写を開始できなくなってしまう。しかし，ラクトースは抑制タンパク質に結合すると，その働きを失わせる。従って，培地にラクトースが存在するとラクトースオペロンの転写が始まり，ラクトースを利用するのに必要な遺伝子が効率的に転写されるというしくみである。一方，培地にラクトースがないと遺伝子の発現は抑制される。このケースとは逆に，トリプトファンオペロンではアミノ酸のトリプトファンが転写を抑制する場合や，抑制タンパク質とは逆に転写を誘導する誘導タンパク質などもあり，オペロンの種類や性質によって制御には様々なやり方がある。

3. 真核細胞における転写

真核細胞には，3種類のRNAポリメラーゼがあり，それぞれが異なる遺伝子（群）の転写を担当している（表4-1）。RNAポリメラーゼⅠはrRNA（28 S rRNA，18 S rRNA，5.8 S rRNA），ⅡはmRNA，Ⅲは

tRNA や 5S rRNA などの低分子 RNA を合成する。細胞や個体の活性をコントロールする上で最も重要なのは mRNA の転写である。そこで，以下は最も重要な RNA ポリメラーゼⅡの転写とその制御機構について主に説明する。

(1) RNA ポリメラーゼⅡによる転写

　RNA ポリメラーゼⅡの認識するプロモーターとしては，TATA 配列がよく知られている（図 4-6）。多くの mRNA の転写開始点から 25 から 35 塩基対上流には（TATA（T/A）A）という非常に保存された配列が見つかる。この TATA 配列の 1 塩基（例えば 3 番目の T を G に変える）でも他の塩基に置換すると転写の効率が著しく低下するので，転写を調節するトランス因子（転写因子もしくは転写調節因子と呼ぶ）の認識にとって重要な配列と考えられる。TATA 配列を認識するのは RNA ポリメラーゼⅡそのものではなく，$TF_{II}D$（transcription factor ⅡD：転写因子ⅡD）というタンパク質（正確には $TF_{II}D$ のサブユニットタンパク質 TBP というタンパク質）である。RNA ポリメラーゼⅡによる転写開始にはこれ以外にも少なくとも 6 種類の転写因子（$TF_{II}A$，$TF_{II}B$，$TF_{II}E$ など）が必要である（図 4-6）。これらの転写因子のように，RNA ポリメラーゼの転写開始に最低限必要な因子を基本転写因子と呼ぶ。基本転写因子がプロモーター領域に結合すると，RNA ポリメラーゼⅡが因子と共に巨大な複合体をつくり，$TF_{II}H$ により転写開始領域の DNA 2 重らせんがほぐされ転写が開始される。数多くの遺伝子を調べると TATA ボックス以外のプロモーターが使われているものも少なくない。この場合にもプロモーターを認識するタンパク質や数多くの基本転写因子と RNA ポリメラーゼが協同して転写が開始される。

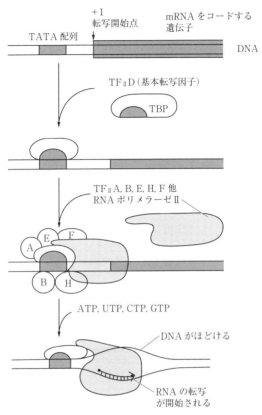

図 4-6　RNA ポリメラーゼ II による転写

　遺伝子のなかには，細胞の種類や発生段階，生体内の状態などによって選択されて転写が誘導されるものも少なくない。このような場合には基本転写因子以外に，選択的な転写を促進する転写因子がさらに必要となる。遺伝子の上流（もしくは下流）にはこのような特異的なタンパク質が結合するエンハンサーと呼ばれるシス制御領域が存在し，基本転写

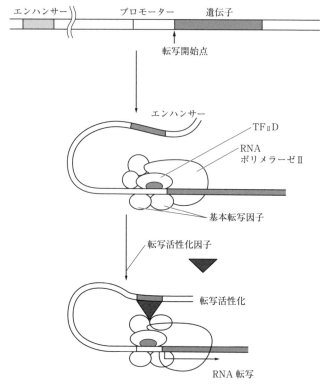

図4-7　プロモーターとエンハンサー

因子が結合するプロモーターとは区別される（図4-7）。選択的に転写を抑制するサイレンサーと呼ばれるシス制御領域も存在する。

（2）RNAポリメラーゼⅠ，Ⅲによる転写

　RNAポリメラーゼⅠ，ⅢのプロモーターはRNAポリメラーゼⅡのプロモーターとは全く異なる。従って，プロモーターの認識に関わる基本転写因子の種類や数も異なる。

RNA ポリメラーゼ I は，rRNA の転写だけに特化した酵素である。そのプロモーター配列は II のように保存されておらず，生物種によって大きく異なる。例えば，ヒトとマウスの間ですらあまり似ていない。従って，それを認識する基本転写因子も両者で異なっており，マウスの転写因子とヒトの rRNA 遺伝子を組み合わせても（もしくはその逆でも）RNA ポリメラーゼ I による転写は起こらない。

　RNA ポリメラーゼ III は，様々な低分子 RNA の転写を担当するが，驚くべき点は遺伝子の内部にプロモーターが存在することである。5 S rRNA は約 120 塩基からなる RNA だが，その遺伝子の中央部の 50 塩基ほどがプロモーターとしてはたらく。この配列は $TF_{III}A$ という基本転写因子によって認識される。また，多数ある tRNA 遺伝子も内部の 50 塩基ほどが $TF_{III}C$ という別の転写因子によって認識される。

4. 真核細胞における転写制御

　大腸菌のような原核細胞にとっては，外界の環境（栄養条件，温度など）が転写制御を行うべき最も重要な信号となっている。それに対して，真核細胞，とくに多細胞からなる高等な動植物の細胞では，個体の中で信号が授受されている点が大きく異なる。例えば，ヒトの胎児の心臓や脳が発生する段階では，各組織が分化するにあたり，その細胞に特徴的な多数の遺伝子の転写が極めて厳密にコントロールされなければならない。また，大人になっても免疫系や内分泌系が正常に働くためには，ホルモンなどの体内を循環する物質によって，標的となる細胞内の遺伝子の転写が正確に制御されなければならない。このような真核細胞の複雑な転写の制御の基盤になっているのも，やはり特定の転写因子（トランス因子）とそれに応じる遺伝子近傍の DNA 上の調節領域（シス因子）である。

(1) 特異的な転写因子による転写制御

　真核細胞においても，熱や化学物質などに対する単純な応答も見られる。例えば，高温下に置かれると，熱ショック転写因子（HSF）というタンパク質の発現が誘導され，特定の遺伝子上流にあるシス因子（熱ショックエレメント，HSE）に結合し，その遺伝子の発現は停止する。このようなシス因子を応答配列と呼ぶ。金属やダイオキシンなどでも同様の応答は起こり，それぞれに特異的な転写因子が金属応答配列（MRE）や異物応答配列（XRE）に結合し，特定の遺伝子の転写が制御されている。

　一方，ステロイドホルモンや甲状腺ホルモンといった細胞膜を透過しやすいホルモンに対する細胞応答もこれに似ている。例えば，女性ホルモンのエストロゲンは，女性の2次性徴や生殖活動に重要な働きをするが，生殖組織の細胞内にあるエストロゲン受容体と結合して，標的となる応答配列をもつ遺伝子（群）を活性化する。また，昆虫の脱皮や変態を制御するエクジソン（脱皮ホルモン）もステロイドの一種で，エクジソン受容体（EcR）と結合し，エクジソン応答配列を持ついくつかの遺伝子を活性化する（図4-8）。これらの遺伝子から生じたタンパク質の多くも転写因子で，さらに下流の多数の遺伝子を活性化させる。エストロゲンやエクジソンによって複雑な現象が起こるのは，遺伝子の転写がさらに他の遺伝子の転写を連鎖反応的に誘導するという階層的な機構で，大量の遺伝子が体系的に発現するためと考えられる。

　細胞分化や発生においても同様の機構が使われている。例えば，動物の筋肉ができるときには，未分化な細胞から筋細胞が生じるが，未分化な状態では発現していなかったMyoDという転写因子の発現が引き金となって，上記のような階層的な遺伝子活性化が起こると考えられている。

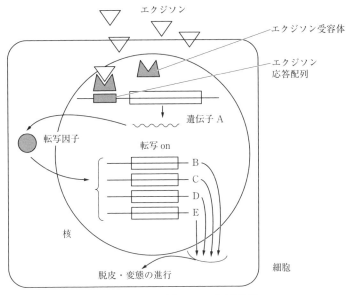

図 4-8　エクジソンの作用機構

（2）転写因子の DNA 配列への結合

　それでは転写因子はどのように DNA 配列へ結合するのだろう？様々な転写因子の構造を調べると特徴的なタンパク質構造（DNA 結合ドメイン）がいくつか存在することが分かってきた。例えば，エクジソン受容体には Zn（ジンク）フィンガーという DNA 結合ドメインが存在する。この領域では亜鉛イオンを Cys と His の 2 種類のアミノ酸が 4 ヶ所で取り囲むループ状の構造を作っており，連続すると指のように見えるのでこのように命名された（図 4-9）。DNA の二重鎖に沿って Zn フィンガーがうまく配置されるとループ上のアミノ酸のいくつかが特定の DNA 配列を認識すると考えられる。これ以外にも，ロイシンジッパー，ヘリックスターンヘリックスといった様々な DNA 結合ドメインが

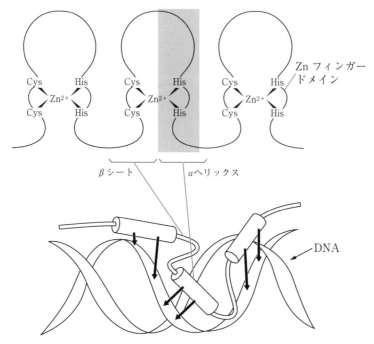

図 4-9　転写因子の Zn フィンガー構造

見つかっている。

　このような DNA 結合配列が働かなくなると発生や細胞分化が異常になる事例は数多く知られる。例えば，ショウジョウバエでは体のある部分が本来ない他の部分に入れ替わってしまうホメオティック変異という突然変異体が知られるが，その原因遺伝子を調べたところ，タンパク質内にある約 60 アミノ酸の領域に異常があった。この共通性の高い領域はホメオボックス配列と呼ばれるヘリックスターンヘリクス型の DNA 結合ドメインで，特定の配列に結合する（図 4-10）。これは，1 つの転写因子が機能を失うだけでも，生物の形作りが大きな影響を受ける一例だろう。

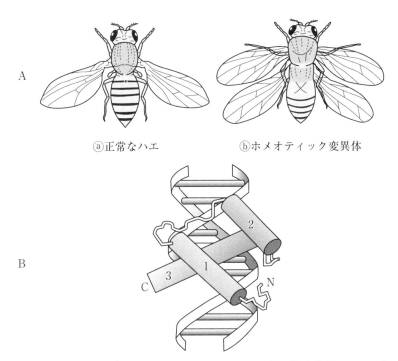

図 4-10 ショウジョウバエのホメオティック変異体(A)とホメオボックス配列（1〜3の構造）の標的 DNA への相互作用(B)

（3）エピジェネティックな転写制御

　上記のように「特定の DNA 配列を転写因子が認識して転写が調節される」というのがこれまでの常識だった。DNA 配列が全てを決めるという考え方である。しかし，最近になり DNA 配列が同じでも，転写が起こったり，起こらなかったりする場合があることが分かってきた。このような制御全般をエピジェネティクスと呼ぶ。これは，DNA を収納するクロマチン構造（ヒストンタンパク質からなる円盤状の構造（ヌクレオソーム）に DNA が巻きついている）が転写に影響しており，例え

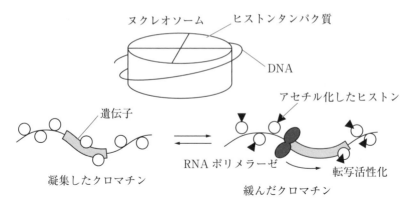

図4-11 エピジェネティックな転写制御

ばクロマチンが凝縮した状態ではRNAポリメラーゼや転写因子がDNAへ結合できずに,転写が抑制される(図4-11:左)。染色体末端(テロメア)や動原体(セントロメア)などではこのような凝縮したクロマチン(ヘテロクロマチンと呼ばれる)が見られる。クロマチン構造を介した転写制御には,

① DNA(シトシン)のメチル化の有無
② クロマチンを構成するヒストンタンパク質の修飾(メチル化,アセチル化など)の有無

などが関係している。遺伝子の転写を活性化するには,ヌクレオソームの凝縮を緩める,プロモーター領域からヌクレオソームを排除するなどが必要となる。例えば,ヒストンタンパク質(N末端側のリジンなど)がアセチル化すると,ヌクレオソームとDNAの結合が弱まり転写が活性化する(図4-11:右)。シス因子とトランス因子の相互作用を基にした転写調節以外にも,染色体構造を介した制御があることも記憶に留めてほしい。

参考文献

B. Alberts 他（著），中村桂子・松原謙一（監訳）『細胞の分子生物学（第6版）』ニュートンプレス，2017

藤原晴彦（著）『新版よくわかる生化学——分子生物学的アプローチ』サイエンス社，2011

5 | RNA プロセシング

藤原　晴彦

《**目標＆ポイント**》　大腸菌などの核のない原核細胞では，転写された mRNA は細胞質で直ちにタンパク質に翻訳される。しかし，核の中で遺伝子が転写される真核細胞では，合成された mRNA は核膜を通過し細胞質に移動して翻訳される必要がある。合成途中や分解した不良な mRNA を正常な mRNA と区別し，mRNA を安定化させるために，真核細胞では mRNA の 5′ 末端にキャップ構造，3′ 末端にポリ A 構造という特殊な構造が付け加えられる。また，タンパク質の情報とは無関係なイントロンを切り出すスプライシングが起こる。この章では，真核細胞の転写後に RNA が加工される「プロセシング」について説明する。

《**キーワード**》　エキソン，イントロン，スプライシング，キャッピング反応，ポリ A 付加

1. RNA プロセシングとは何か

　原核細胞では DNA を収納する「核」という構造は明確には存在しない。従って，DNA で転写された mRNA にはすぐさま細胞質中のリボソームが結合し，翻訳がスタートする。しかし，真核細胞では，核と細胞質が核膜によって分離されているために，核の中で合成された mRNA は細胞質に出ないかぎりは翻訳されない。タンパク質合成に必要なリボソーム，tRNA，タンパク質性因子などがすべて細胞質に存在するからだ（図 5-1）。原核細胞と真核細胞では，遺伝子からタンパク質にいたる情報発現のしくみが大きく異なる。真核細胞では，核の中で

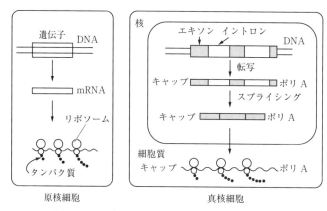

図 5-1　原核細胞と真核細胞の遺伝子発現

の遺伝子の転写や加工に関する複雑なしくみが発達した結果，原核細胞に比べ膨大な量の遺伝子発現を緻密にコントロールできるようになった。この意味でmRNAの転写後の加工（プロセシング）は両者の差をもっとも際立たせるステップともいえる。

　原核細胞では，遺伝子の発現は基本的には転写の段階で制御される。しかし，真核細胞では，mRNAは転写されたままの状態では機能できず，核の中で様々な加工や修飾をうけなければならない。従って，これらの修飾過程は遺伝子の発現を制御するステップとなりうる。RNAポリメラーゼによって転写された前駆体RNA（一次転写産物と呼ぶ）が機能的なRNAに成熟するまでの一連の反応を総称してプロセシングと呼ぶ（図5-2）。mRNAのプロセシングは真核細胞に特徴的である。プロセシングを受けていないmRNAは核から細胞質へ移ることができず，やがて分解される。このことは，転写が途中で止まったような不良なmRNAを排除することにも役立っている。

　mRNA以外にもrRNAやtRNAもプロセシングを受けるが，これら

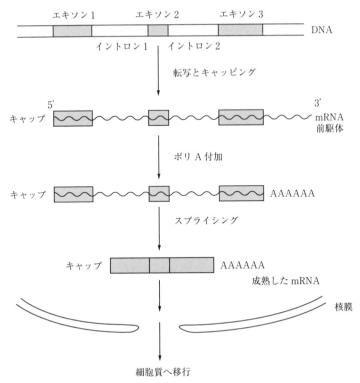

図 5-2　真核細胞の mRNA のプロセシング

は真核細胞や原核細胞にもみられる。

2. mRNA のスプライシング

(1) エキソンとイントロン

　核で転写された直後の真核細胞の mRNA は細胞質の mRNA に比べてかなり長い。真核細胞の mRNA をコードするほとんどの遺伝子（DNA）上には，成熟した mRNA には見られない余分な配列，イントロン（介在配列）が存在するためである。このことが見つかったのは

1977年であるが，全く予想外の事実だった。それまで調べられていたバクテリアの遺伝子では，タンパク質のアミノ酸をコードする塩基配列はすべて連続したもので，なぜ真核細胞のmRNAの中に余計な配列が存在するのか見当もつかなかった。

　真核細胞のほとんどの遺伝子は，イントロンと実際のタンパク質の情報をコードした配列ではあるエキソンが交互に並んだ構造をしている。例えばヒトの遺伝子では，平均して約10個のエキソンからなっているが，その場合イントロンは9個あることになる。ヒトのエキソンは平均145塩基であるが，イントロンは3300塩基を越える。中には100 kbを越えるイントロンや，100以上のイントロンを含む遺伝子も存在する。巨大な遺伝子から正確にエキソンだけをどのようにして抜き出し，つなぎかえることができるのだろう。

（2）スプライシングのメカニズム

　核の中で転写された直後のmRNAは，エキソンとイントロンが交互に並んだ巨大なRNA（mRNA前駆体：hnRNAとも呼ぶ）となっている（図5-2）。mRNA前駆体は単独で存在しているのではなく，核の中で数多くのタンパク質と複合体を作っている。スプライシングを実行しているタンパク質とRNAの複合体がスプライセオソーム（spliceosome）である。スプライセオソームはmRNA前駆体のから余分なイントロンを切り出し，エキソンだけを順番につなぎ合わせて成熟したmRNAを作り出す。この機構は，途中の配列を切り取るだけではなく，その両端をつなぎ合わせるので，スプライシング（かけはぎの意）と呼ばれる。mRNAのスプライシングは極めて正確に行わなければならない。なぜなら，つなぎ合わせの際に1塩基でも配列がずれてしまうと，タンパク質の情報がそれ以降は全く異なったものに変化してしまうから

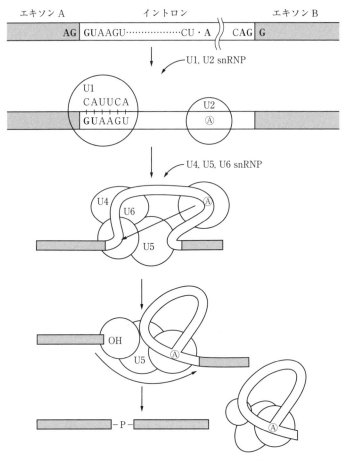

図 5-3　mRNA のスプライシング

だ（第 6 章参照）。スプライシングの正確さは，エキソンとイントロンの境界領域の近傍配列によって保障されている（下記参照）。また，スプライシングは，転写が完全に終わってから起こるのではなく，転写が進行するのと並行して行われる。

エキソンとイントロンが隣り合った境界領域には共通した構造が存在する（図5-3：太文字の塩基）。エキソンとイントロンが接する場所（イントロンの5'末端側）を5'スプライス部位と呼び，イントロンとエキソンが接する場所（イントロンの3'末端側）を3'スプライス部位と呼ぶ。特にイントロンの5'末端GUと3'末端のAGは完全に保存されている。このような共通構造を認識してスプライシングを進行させるのが，スプライセオソームに含まれるsnRNA（低分子核RNA）である。実際には，U1，U2，U4，U5，U6という5種類のsnRNAが，スプライシング反応を進行させている（図5-3）。それぞれのsnRNAはタンパク質との複合体（RNP：リボ核タンパク質複合体）を形成している。U1snRNAの配列の一部はmRNA前駆体のイントロンの5'末端領域と相補的な塩基対を形成する。また，U2snRNAは3'スプライス部位の上流に結合する。つまりイントロンの保存された構造はスプライセオソーム中のsnRNAによって識別されている。スプライシングは基本的に2段階からなる。まずイントロンの5'末端が切り離され，その5'末端のG（グアニン）ヌクレオチドがイントロンの3'側に近いA（アデニン）ヌクレオチド（図5-3で○で囲った塩基）に，例外的な5'-2'間で結合し（通常は5'-3'間の結合），特徴的な環状構造が生じる。その形から投げ縄構造とも呼ばれる。続いてイントロンの3'末端が切断されると同時に隣り合ったエキソンが連結される。

（3）イントロンの存在意義

　タンパク質の構造とは関係のないイントロンが遺伝子内に何故存在するのか？　という疑問には現時点で2つの解答が考えられている。1つは，イントロンが進化的には多様なタンパク質を作り出すのに貢献した可能性である。多くの遺伝子の構造をよく調べてみると個々のエキソン

には特有な機能を持ったタンパク質領域（ドメインと呼ぶ）に対応していることが多い。イントロンに含まれる転移因子（動く遺伝子）などが別のタンパク質のエキソンを運び込み，新たなタンパク質を作り出す原動力になっている可能性がある。イントロンのもう1つの役割は，以下に述べる選択的スプライシングを制御するのに働いている可能性である。

（4）選択的スプライシングによる遺伝子発現の制御

　ある1つのmRNAのスプライシングの生じ方は，通常1通りしかない。しかし，遺伝子によってはスプライシングの起こり方が，組織や発生段階で異なる場合があり，これを選択的スプライシングと呼んでいる。例えば，ショウジョウバエの性を決定するのに重要な*Transformer*(*Tra*)という遺伝子はメスとオスでスプライシングの生じる位置が異なる（図5-4）。その結果，オスでは*Tra*のmRNAから機能的なタンパク質が作られず，最終的にハエの雌雄差を決定づける。つまり，この場合イントロンの存在が遺伝子発現に重要な影響を与えることになる。

　このような選択的スプライシングは小数の遺伝子に限ると思われていたが，最近のゲノム研究の進展により多くの遺伝子で使われていることが明らかになってきた。例えば，ヒトゲノム全体では20000〜22000種類の遺伝子があるが，選択的スプライシングをうける遺伝子は90％以上にものぼると推定されている。使われるエキソンが異なれば，含まれるタンパク質のドメイン構造も変わることが予想されることから，22000種類よりもはるかに多くのタンパク質がヒト細胞では利用されていることになる。下等な真核生物では選択的スプライシングを受ける遺伝子の割合は低いことから，ヒトという生物の精緻で高度な生命活動の一翼は選択的スプライシングによって担われているといっても過言ではない。

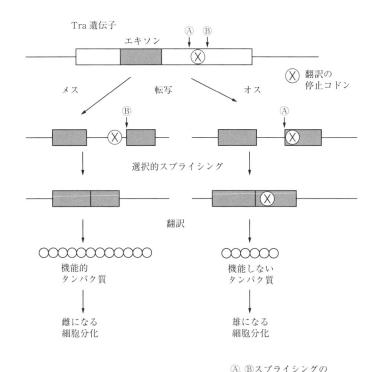

図 5-4　ショウジョウバエの *Tra* mRNA の性特異的スプライシング

（5）mRNA 以外のスプライシング

　通常 rRNA にはイントロンは存在しないが，テトラヒメナ（ゾウリムシなどと同じ原生動物の一種）の 28 S rRNA の内部には約数百ヌクレオチドの無関係な配列，つまりイントロンが含まれる。イントロン配列は rRNA と一緒に RNA として転写された後に，切り出され，その両側の rRNA が再接合される。驚くべきことにこのスプライシングにはタンパク質が全く必要ない。イントロン領域の RNA 自体が切断と接合

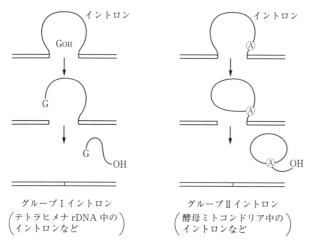

図5-5 2種類の自己スプライシング

を行うのだ。このようなスプライシングを自己スプライシングと呼ぶ（図5-5）。この発見は，mRNA以外のスプライシングが見つかったというより，タンパク質以外にも酵素としてはたらく分子があるという意味で多くの科学者の興味を引いた。

その後，テトラヒメナ以外でも，下等な真核細胞のミトコンドリアや葉緑体遺伝子の一部に自己スプライシングする例が見つかった。自己スプライシングはその反応機構の違いから大きく2つに分類される（図5-5）。テトラヒメナのrRNA中のイントロンに代表されるグループIイントロンは遊離のグアノシンが最初の引きがねとなって反応が進む。それに対してグループIIイントロンはイントロン内部のA（アデニン）ヌクレオチドが中心となり，投げ縄構造を作りスプライシングが進行する。後者はmRNAのスプライシングの仕方に似ている。このことから，真核細胞に見られるスプライシングの起源はグループIIイントロンにあるという仮説も提唱されている。

(6) トランススプライシング

通常の mRNA のスプライシングは同じ前駆体 RNA の中で，切り出しと結合反応が行われるが，2つの異なる mRNA 前駆体の間でスプライシングが起こる現象も稀に知られている。主に線虫や原生動物などで知られるが，スプライシングリーダーという配列が mRNA の 5′ 末端につくような例などがよく知られている。

(7) イントロンのない遺伝子

多数の真核生物のゲノム配列が決定されると，イントロンのない遺伝子が数多くあることが分かってきた。これらの遺伝子の多くは，mRNA が逆転写によって DNA に挿入された結果生じたもので，そのうち機能しない遺伝子は偽遺伝子と呼ばれる。しかし，ヒストンタンパク質をコードする遺伝子のように，そもそもイントロンが存在しない遺伝子も少なからずある。

3. mRNA のキャッピングとポリ A 付加

スプライシングの前に，真核細胞の mRNA には 2 つの修飾が施される。5′ 末端のキャップ構造（その修飾をキャッピングと呼ぶ）の付加と 3′ 末端での連続した A（アデニン）の付加（ポリ A 付加）である。これらの構造は DNA 上の遺伝子構造には見られないもので，核の中で前駆体 mRNA（hnRNA）が転写されると特殊な酵素によって速やかに付加される。スプライシングを含め mRNA のポリ A 付加やキャッピングを進行させるタンパク質因子が事前に結合していると考えられている（図 5-6）。このような修飾反応は原核細胞には認められない。

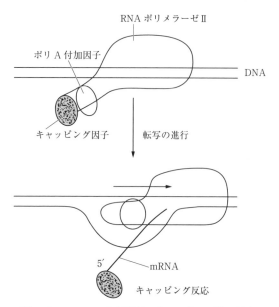

図 5-6　mRNA の転写とプロセシングの共役

（1）キャッピング反応

　キャッピングというのは，さながら mRNA の頭に帽子を被せるようなもので，いくつかの酵素（メチルトランスフェラーゼなど）によって特有な構造が 5′ 末端に作られる（図 5-7）。ふつうの RNA には通常は存在しない 5′-5′ 三リン酸結合という様式で，7-メチルグアノシンという修飾塩基が最初のヌクレオチドに結合している点が，化学的に際立った特徴である。このキャップ構造は，

① タンパク質合成の際にリボソームとの結合を容易にして翻訳の効率を高める
② mRNA を分解する酵素から保護する，などの働きを持つといわれる

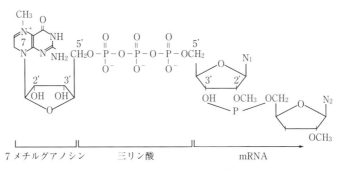

図 5-7　mRNA のキャップ構造

　キャップ構造は mRNA の転写が始まった直後，mRNA が約 20-30 塩基程度伸長したところで付加される。また，この修飾は rRNA や tRNA にはみられず，mRNA だけに限られているのは，上述したように mRNA を転写する RNA ポリメラーゼⅡの転写反応と共役しているためである。その証拠に，mRNA のプロモーター配列をポリメラーゼⅠやⅢが認識するプロモーターに交換して細胞内で転写させても，キャップ構造（ポリ A 付加も）は生じない。

（2）ポリ A 付加

　すべての真核細胞の mRNA の 3′ 末端にはポリ A が見られ，やはり mRNA に特有な構造である。ただし，ヒストンタンパク質など一部の mRNA にはポリ A が存在しない場合もある。ポリ A の長さは生物の種類によって異なるが，一般に高等な動物ほど長く 200-250 ヌクレオチド，酵母など下等な真核細胞では 100 ヌクレオチドほどである。ポリ A 配列は，

① スプライシングされた mRNA が核外へ出るのを手助けする
② リボソームの mRNA への結合に役だち，翻訳効率と関係している

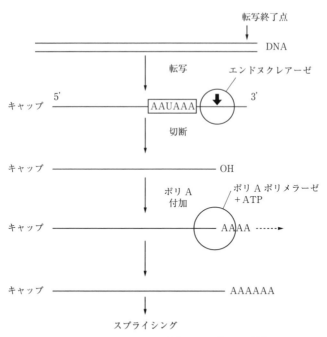

図 5-8　mRNA の 3′ 末端でのポリ A 付加

③　細胞質での mRNA の安定化に寄与する

などの機能が想定されている。3 番目の点については，哺乳類細胞の細胞質では mRNA が古くなるに従い，ポリ A の長さが短くなるという観察がある。不要なもしくは傷んだ mRNA は，3′ 側のポリ A 配列が短くなるか，5′ 側のキャップ構造が外れることにより分解されることが多い。

　mRNA のポリ A が付加される位置は，遺伝子上で転写が終了する位置よりもかなり上流（500〜2000 ヌクレオチド）にある。つまり RNA ポリメラーゼがポリ A 付加の位置を通過した後に，mRNA は一旦切断を受け，そこにポリ A ポリメラーゼという酵素が ATP（アデノシン三リン酸）を用いて，アデニンを 1 個ずつ付加していく（図 5-8）。ポリ

A付加のためのシグナルは切断点の 10-30 塩基上流にある AAUAAA という塩基配列で，ある種のエンドヌクレアーゼ（核酸を分解する酵素）が認識すると考えられる。RNAポリメラーゼIIは転写終了部位まで数百塩基にわたる転写を無駄に続けることになるが，このような余分な転写産物はキャップ構造を持たないので急速に分解される。

（3）ポリA付加による遺伝子発現の制御

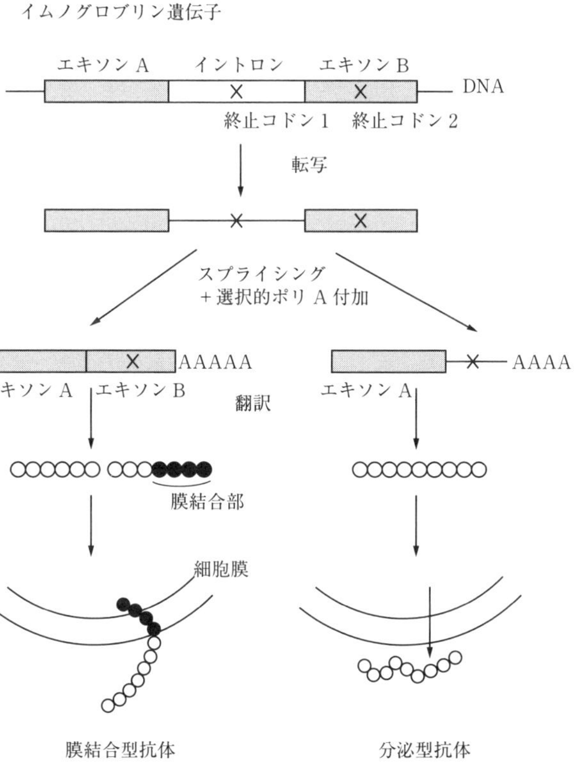

図 5-9　抗体分子に見られる選択的ポリA付加

ポリA付加のステップは，スプライシングと同様に遺伝子の選択的発現にはたらくことがある。よく知られているのは免疫ではたらく抗体タンパク質（イムノグロブリン）遺伝子の選択的ポリA付加である（図5-9）。発生の初期には膜に結合した受容体型の多種多様な抗体分子が生じうるが，実際に病原菌などの抗原の刺激を受けると大量に同一の抗体分子を産生・分泌するようになる。このとき抗体タンパク質の基本構造は，膜結合型抗体も分泌型抗体も抗原を認識するために同一であるが，細胞の外へ分泌するためには膜に結合する部分に変化を生じなければならない。この過程では，ポリAの付加される位置が別の位置に切り替わり，C末端部分の膜結合型ドメインが分泌型のドメインに変化するという巧妙な調節が行われている。

4. rRNAとtRNAのプロセシングと修飾塩基の付加

転写されたRNAが直接機能するrRNAやtRNAは，タンパク質をコードするmRNAとは異なる方法でプロセシングを受ける。mRNAのプロセシングは真核細胞に特異的なものであるが，rRNAとtRNAのプロセシングの多くは原核細胞にも見られる。

（1）rRNAのプロセシング

真核細胞のrRNAは4種類あるが，そのうち18S，5.8S，28S rRNAの3つは，RNAポリメラーゼⅠにより連続した長いRNAとして転写される。つまり，この3つのrRNAは一つの長い遺伝子（rRNA遺伝子，rDNAとも呼ばれる）から転写された後に，それぞれのRNAに分断される（図5-10）。個々のRNA領域の間にはスペーサーと呼ばれる余分な配列があり，プロセシングの過程で分解される。強調しておかなければならないのは，rRNAのプロセシングはmRNAのスプライ

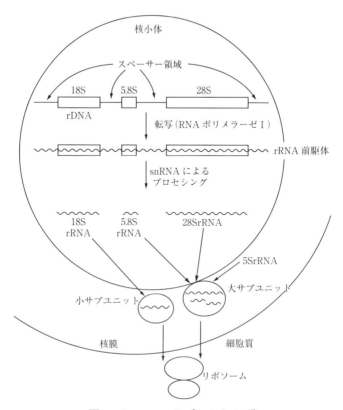

図 5-10　rRNA のプロセシング

シングと異なり，スペーサーの周りの配列は再結合することはなく，ただ単に余分な配列が除かれるだけである。3 つの RNA が 1 つの遺伝子から生じると，常に等量の rRNA が準備でき，各 RNA を 1 分子ずつ含むリボソームが構築しやすくなる。ただし，RNA ポリメラーゼⅢによって転写されるもう一つのリボソームの構成成分の 5 S rRNA が，なぜ他の rRNA とは別の遺伝子ユニット（5 S rDNA）に分かれているのか明確な理由は分からない。

真核細胞の rRNA の合成とプロセシングの舞台となるのは，核の中でも他の領域と区別できる核小体である（図 5-10）。rRNA のプロセシングの過程は単に RNA として成熟するためだけにあるのではなく，タンパク質との複合体の形成，つまりリボソームの構築を兼ねている。核小体で転写された直後の rRNA には細胞質から運び込まれた多くのタンパク質が結合し，プロセシングが開始される。この過程には，スプライシングと同様に snRNA を含むリボ核タンパク質が rRNA 前駆体の特異的な塩基配列を認識して切断しているようだ。

（２）tRNA のプロセシングと修飾塩基の導入

RNA ポリメラーゼⅢによって転写される tRNA の一次転写産物は最終的な tRNA よりも長い。これは，5′ 側と 3′ 側の余分な配列が存在す

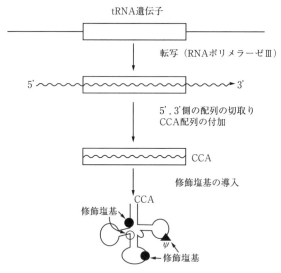

図 5-11　tRNA のプロセシング

るためで，転写後に特異的な核酸分解酵素により取り除かれる（図5-11）。一方，tRNAの3′末端にはアミノ酸が結合するCCAという塩基配列が存在するが，真核細胞のtRNA遺伝子上にはこのCCAに相当する配列は存在しない。この配列は3′末端のプロセシングの後，特異的な酵素によって付加される。また，tRNAには普通のRNA（AUCGの4種類のヌクレオチド）にはみられない多数の特殊な塩基が見られ，修飾塩基もしくは微量塩基などと呼ばれる。これらの修飾塩基は，原核細胞などのtRNAにも見られる。修飾塩基の明確な機能はまだ分かっていないが，RNAの高次構造を形成するのに重要だと考えられている。これらの修飾塩基の導入にはtRNA修飾酵素が働いている。このように，tRNAのプロセシングは，両末端の切除，修飾塩基の導入，CCA末端の付加など極めて多数の酵素によって成立している複雑な過程である（図5-11）。

参考文献

B. Alberts 他（著），中村桂子・松原謙一（監訳）『細胞の分子生物学（第6版）』ニュートンプレス，2017

藤原晴彦（著）『新版よくわかる生化学―分子生物学的アプローチ』サイエンス社，2011

6 | タンパク質の一生　翻訳・修飾・分解

石浦　章一

《**目標＆ポイント**》　タンパク質は遺伝情報をもとに作られ，修飾が起こり，最後に分解される。タンパク質の生合成過程，すなわち mRNA の指令によってタンパク質が作られる過程を翻訳という。翻訳は，mRNA と翻訳の場であるリボソーム，そしてアミノ酸を順序よく並べる tRNA という主役と，さまざまなタンパク質因子という脇役によって，整然と行われる。すなわち，mRNA の塩基配列を鋳型として，アミノ酸が tRNA によって運ばれてくる。リボソームは mRNA の上を滑りながらペプチド結合の形成を触媒する。mRNA を鋳型にして正しくタンパク質が作られないと遺伝情報が表現型として現れることがなく，形質も親から子へと正確に伝わることがない。またその後，翻訳されたタンパク質が機能を持つように修飾される場合がある。最後に不要になったタンパク質は分解される。これがタンパク質の一生である。
《**キーワード**》　翻訳，リボソーム，転移 RNA（tRNA），フォールディング，翻訳後修飾，タンパク質分解

1. 遺伝暗号とその異常

（1）遺伝暗号とその進化

　遺伝子 DNA（またはその RNA 転写産物）の塩基配列がタンパク質のアミノ酸配列を指定する。多くの先人の研究により暗号には，

(i)　3つの塩基が1つのアミノ酸を指定する
(ii)　暗号には重なりがない
(iii)　複数のコドンが同一のアミノ酸を指定することがある

表6-1　遺伝暗号表

1文字目	2文字目				3文字目
	U	C	A	G	
U	UUU フェニルアラニン	UCU セリン	UAU チロシン	UGU システイン	U
	UUC フェニルアラニン	UCC セリン	UAC チロシン	UGC システイン	C
	UUA ロイシン	UCA セリン	UAA 終止	UGA 終止	A
	UUG ロイシン	UCG セリン	UAG 終止	UGG トリプトファン	G
C	CUU ロイシン	CCU プロリン	CAU ヒスチジン	CGU アルギニン	U
	CUC ロイシン	CCC プロリン	CAC ヒスチジン	CGC アルギニン	C
	CUA ロイシン	CCA プロリン	CAA グルタミン	CGA アルギニン	A
	CUG ロイシン	CCG プロリン	CAG グルタミン	CGG アルギニン	G
A	AUU イソロイシン	ACU スレオニン	AAU アスパラギン	AGU セリン	U
	AUC イソロイシン	ACC スレオニン	AAC アスパラギン	AGC セリン	C
	AUA イソロイシン	ACA スレオニン	AAA リシン	AGA アルギニン	A
	AUG メチオニン*	ACG スレオニン	AAG リシン	AGG アルギニン	G
G	GUU バリン	GCU アラニン	GAU アスパラギン酸	GGU グリシン	U
	GUC バリン	GCC アラニン	GAC アスパラギン酸	GGC グリシン	C
	GUA バリン	GCA アラニン	GAA グルタミン酸	GGA グリシン	A
	GUG バリン	GCG アラニン	GAG グルタミン酸	GGG グリシン	G

＊開始コドン

などの事実が明らかとなった。

　遺伝暗号は，ほとんどの生物で同一である（表6-1）。しかし，同じヒトの個体の中でも，核DNAとミトコンドリアDNAでは暗号が異なる（表6-2）。これは，かつてミトコンドリアの祖先となる好気性細菌（リケッチア近縁のαプロテオバクテリア）が細胞内に共生し，多くの遺伝子を失って現存する真核生物のミトコンドリアになった名残ではないか，と考えられている。この他に繊毛虫の中にも異なる暗号を持つものがいることが分かっている。

　遺伝暗号は長い時間をかけて変化してきたことが明らかになった。例えば，ある種において複数のコドンが同一のアミノ酸を指定している

表6-2 遺伝暗号の違い

コドン	核	ミトコンドリア
UGA	終止	Trp
UGG	Trp	Trp
AUA	Ile	Met
AUG	Met	Met
AGA	Arg	終止
AGG	Arg	終止

が，その中で使われなくなったコドンが種の生存に影響を与えずに別のアミノ酸を指定するように変化する，ということが起これば，遺伝暗号の変化が起こってもおかしくはない。現在の遺伝暗号の多様性の起源は，このようなものらしい。

（2）突然変異による暗号の変化

　遺伝子中の塩基には，置換，挿入，欠失等の突然変異が起こることがある。例えば，GGG から GGA と変化してもグリシンという同一のアミノ酸を指定するので問題はないが，GGG が CGG と変化するとコードするアミノ酸がグリシンからアルギニンに変わり，一次構造が変化してしまう。また，一塩基の挿入や欠失が起こると多くのタンパク質では読み枠が変わり（フレームシフト）タンパク質の機能が損なわれることがある。挿入や欠失は数千塩基に及ぶこともあり，それが生物の生存に影響を与える場合がある。

（3）リボソームの構造

　リボソームは，大小2つのサブユニットから成り立っているが，生物

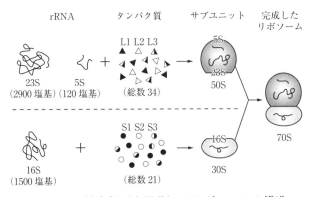

図 6-1　原核生物（大腸菌）のリボソームの構造

によって構成成分が異なる。原核生物である大腸菌のリボソームは，沈降係数 70 S（直径 20 nm，分子量 2700 kDa）で，50 S と 30 S の大小 2 つのサブユニットでできている。大サブユニットは，34 種類のタンパク質（large subunit の名称から，L 1，L 2 などと呼ばれている）と 23 S・5 S の 2 種類の rRNA で構成されている（図 6-1）。一方，小サブユニットは，21 種類のタンパク質（small subunit の名称から，S 1，S 2 などと呼ばれている）と 16 S rRNA でできている。

　一方，真核生物のリボソームは全体的に複雑で大きく，沈降係数が 80 S で，これも 60 S と 40 S の大小 2 サブユニットから構成されている（図 6-2）。タンパク質と RNA の組成は図に示したとおりであるが，タンパク質の数が原核生物のリボソームに比べて断然多いのが特徴である。リボソームの機能のほとんどは RNA によって担われている。

　リボソームの基本的な役割は，mRNA に隠された遺伝情報を読んで正確にタンパク質を作る「翻訳」の場であり，ペプチド結合を作る酵素活性を持つ。リボソームは mRNA を 5′ から 3′ の方向に読んでいき，ポリペプチドは N 末端から C 末端の方向に作られる。1 本の mRNA 上

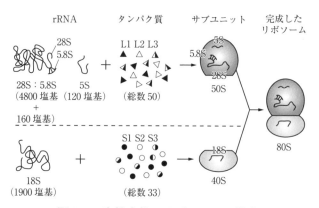

図 6-2　真核生物のリボソームの構造

には，リボソームが数珠つなぎになって次々とタンパク質が合成される。

(4) tRNA の構造

　mRNA に隠された遺伝情報をタンパク質に翻訳するには，特定のコドンとアミノ酸を認識する分子（アダプター）がなければならない，というクリックの予言は，tRNA の発見によって確認された。図 6-3 に tRNA の一般構造を示す。tRNA はクローバー型の分子で大きさもほぼ似通っており（73〜93 塩基），リン酸化された 5′ 端の方から，ジヒドロウリジン残基（D）を含む DHU ループ，アンチコドンループ，エキストラ（可変）アーム，シュードウリジン残基（Ψ）を含む TΨC ループ，3′ 端にアミノ酸を結合するアクセプターステムから成り立っている。最後は必ず，-CCA-OH（3′）となっている。tRNA は L 字型に折りたたまれている。特異性は，mRNA のコドンと tRNA のアンチコドンの相互作用のみで決定されている。そのため，20 種類すべてのアミノ酸 1 つ 1 つに対して，少なくとも 1 つの tRNA が存在し機能している。

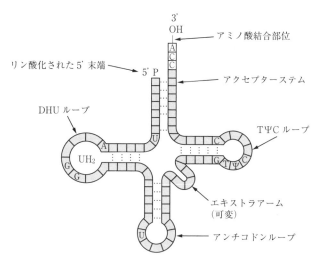

図 6-3　tRNA の一般構造

(5) アミノアシル tRNA

翻訳の正確さを維持するためには，tRNA 分子に正しくアミノ酸を結合させなければならない。これを触媒する酵素が，アミノアシル tRNA シンテターゼ（aaRS）である。この酵素は，tRNA 中のアンチコドンを正しく認識して 3′ 端にある -CCA-OH の部位に特定のアミノ酸を結合させる。

aaRS の反応は，次に示すように，2 段階に分かれる。

(i) アミノ酸 + ATP → アミノアシル AMP + PPi
(ii) アミノアシル AMP + tRNA → アミノアシル tRNA + AMP

まず第 1 番目に，アミノ酸が活性化され，アミノアシル AMP とピロリン酸になる。この活性化には，エネルギー物質 ATP が必要である。次に，アミノアシル AMP と tRNA が反応して，アミノアシル tRNA が作られる。ここでは，aaRS がアミノ酸のカルボキシ基を tRNA の 3′

末端にあるアクセプターステムの水酸基に移す。aaRS の反応は正確に行われ，これが翻訳の確実性に寄与している。各々のアミノ酸の活性化には，少なくとも1つの固有の aaRS が作用する。

2. タンパク質合成の過程

翻訳過程は，原核生物と真核生物ではその機構も異なる。ここでは比較的単純な原核生物の翻訳過程を考えることにする。以下，翻訳開始，ペプチド鎖延長，翻訳終結，の順に説明する。

（1）翻訳開始

翻訳開始の最初の反応は，開始因子 IF-1, IF-3 が 30 S サブユニット

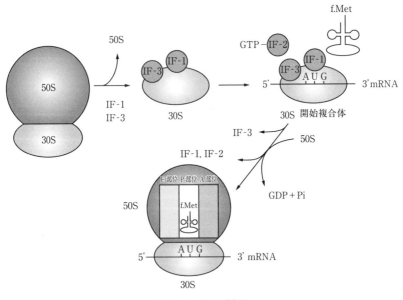

図 6-4　翻訳開始

に結合して，リボソームの大小サブユニットが解離することである。続いて 30 S サブユニットの 16 S rRNA の 3′ 末端と mRNA の開始コドンの約 10 塩基上流にあるシャイン・ダルガーノ配列が相補的に結合し，開始コドンが認識されて，mRNA が結合する。fMet（ホルミルメチオニン）-tRNA と GTP 結合型開始因子 IF-2 が結合して 30 S 開始複合体が作られる（図 6-4）。開始コドン AUG を読むときだけ，メチオニン tRNA にはホルミルメチオニンが結合する（原核生物のときだけ）。その後，IF-3 が離れ，50 S サブユニットが結合し，続いて GTP の加水分解が起こって IF-1 と IF-2 が複合体から離れていく。その結果，リボソーム 30 S サブユニットには mRNA が，50 S サブユニットの P 部位に mRNA の AUG コドンに対応して fMet-tRNA が結合する。真核生物の翻訳開始はもっと複雑で，開始因子の数も多い。

（2）ペプチド鎖延長

リボソーム 70 S サブユニットには，3 つのペプチド結合部位がある。それを A 部位（アミノアシル tRNA 結合部位），P 部位（ペプチジル tRNA 結合部位），E 部位（離脱部位）と呼ぶ。図 6-5 にその模式図を示す。

まず P 部位に，最初のアミノ酸（側鎖を R 1 とする）を結合した tRNA が結合する。次に，2 番目のアミノ酸（側鎖を R 2 とする）を結合させた tRNA が A 部位に結合する。50 S サブユニット中にある 23S rRNA によって，N 末端になる最初のアミノ酸が P 部位から A 部位の先端に移される。この 23 S の活性を，ペプチジルトランスフェラーゼという。その後，アミノ酸を失った tRNA は E 部位に移され，リボソームから離れる。A 部位で作られたジペプチドを持つ tRNA は P 部位に移され，3 番目のアミノ酸を結合させた tRNA が再び A 部位に結合

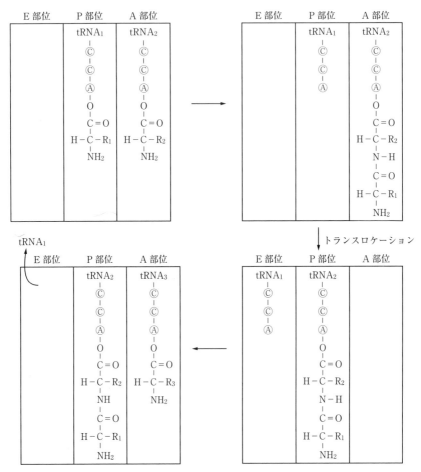

図6-5 リボソームのペプチジルトランスフェラーゼ活性

する。

　このペプチド鎖延長反応には，伸長因子 EF が関与する。P 部位にアミノアシル tRNA が結合したあと，コドンを認識して A 部位に次の tRNA が結合するが，この反応には EF-Tu と EF-Ts の2つのタンパ

ク質が関与する。また tRNA の A 部位から P 部位へのトランスロケーションには，EF-G という伸長因子が関与する。

（3）翻訳終結

最後の翻訳終結には，終結因子 RF が関与する。まず，終止（停止）コドン UAG，UGA，UAA を見分けなければならない。終止コドンが UAG か UAA の場合には，これらの終止コドンを読み取る時に 50 S サブユニットの A 部位のところに RF-1 と GTP 結合型 RF-3 が結合する（図 6-6）。これらが結合すると，合成されたポリペプチド鎖が P 部位から遊離する。その後，GTP の加水分解が起こり，リボソームから mRNA，RF-1，RF-3 が離れていき，最終的に不活性なリボソームに

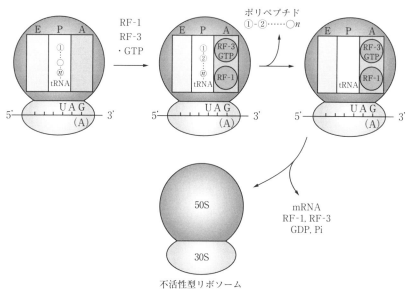

図 6-6　翻訳の停止

戻る。終止コドンがUAAかUGAの場合には，RF-1の代わりにRF-2が用いられる。

3. 翻訳後のタンパク質

（1）フォールディング

タンパク質は水溶液中で自然に折りたたまれるが，この折りたたみを助ける分子が存在する。それが分子シャペロンと呼ばれているもので，大腸菌のGroEL，真核生物の熱ショックタンパク質（Hsp，Hsc）群，そして図6-7で示すようなジスルフィド結合をかける酵素（プロテイン・ジスルフィドイソメラーゼ）である。特に，SH基同士をS-S結合させることにより，タンパク質の構造がより強固に固定される。

（2）翻訳後修飾

翻訳されたタンパク質の中には，そのままでは機能を持たないものがある。特に真核生物では，翻訳後にいろいろな修飾が起こり，初めて活性を持つ場合がある。例えば，ヒストンのリシン残基のメチル化（ε ア

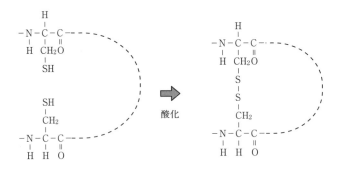

図 6-7 ジスルフィド結合の形成
近接したシステイン残基の間で-S-S-結合がかかるとタンパク質の三次元的な形が安定する。

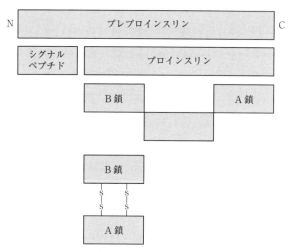

図6-8　タンパク質のプロセシング

ミノ基)，種々のタンパク質のリン酸化（セリン，スレオニン，チロシン残基の水酸基)，糖の付加（アスパラギン残基のNへの付加，セリンやスレオニン残基のOへの付加)，脂質の付加（ミリストイル化，他)，限定分解などである。

　図6-8にプレプロインスリンの限定分解（プロセシングという）の例を示した。インスリンはまず，プレプロ体で合成される。まず，シグナル配列が切断されてプロインスリンになる。この疎水性のシグナルペプチドの切断が起こることで分泌経路に乗るのである。次にプロインスリンは2箇所で切断され，2つのポリペプチド断片A鎖，B鎖になる。この2本のポリペプチドが2つのジスルフィド結合によって結ばれて活性のあるインスリンになる。

(3) タンパク質の分解

　私たちの体内のタンパク質は常に分解と合成を繰り返している（図

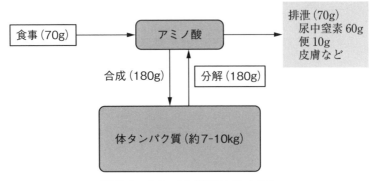

図 6-9　タンパク質のリサイクル

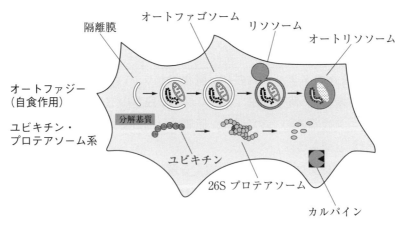

図 6-10　細胞内のタンパク分解系

6-9)。飢餓状態ではタンパク分解速度が合成速度を上回っており，栄養過多ではその逆になっている。タンパク質の分解は，通常はリソソーム内で行われ，加水分解されてアミノ酸になる。タンパク質を大々的に作りかえる必要があるときには，アミノ酸の供給のために細胞内小器官などのいろいろな成分が分解されなければならず，この過程をオートファ

ジーと呼ぶ（図6-10）。また生理的な条件でも，誤って機能のないタンパク質が作られた場合は，この不要なタンパク質を見分けて分解除去せねばならない。このときは，変性したタンパク質を見分けて目印（ユビキチン）を付けるタンパク質が存在し，ユビキチン化されたタンパク質は速やかにプロテアソームと呼ばれるプロテアーゼによって分解される。

参考文献

Alberts B 他（著）『細胞の分子生物学　第6版』ニュートンプレス，2017
Berg JM 他（著）『ストライヤー生化学（第7版）』東京化学同人，2013
Lodish 他（著）『分子細胞生物学（第7版）』東京化学同人，2016

7 | ゲノムとゲノム科学

二河　成男

《**目標&ポイント**》　遺伝子には，タンパク質やRNA分子の情報が記されている。それら個別の機能を解明することは大切である。その一方で，細胞あるいは個体としての機能を解明するには，個別の遺伝子の機能だけではなく，それらが全体としてどう機能するかを把握しなければならない。そこに至るには，まず細胞あるいは個体が保持する遺伝子やその発現の時間的空間的な変化について，全体像を把握することが必要である。この章では，生物のもつゲノムやその全体的な特徴を研究対象とするゲノム科学について解説する。
《**キーワード**》　ゲノム，ゲノム解析，個体差，DNAマイクロアレイ

1. ゲノムとその構造

　ゲノムとは，ある生物種を規定するのに必要な遺伝情報の総体をいう。ヒトのゲノムなら，ヒトという生物種を規定するのに必要な遺伝情報の総体となる。ゲノム（genome）という言葉は，1920年にヴィンクラーにより，gene（遺伝子）とchromosome（染色体）を組み合わせて作られたといわれている。また，geneとome（集まり，全体）の造語とも見ることができる。いずれも，遺伝子の集合体を意味している。遺伝子の情報はDNAに記されているため，その総体であるゲノムの情報もDNAに記されていることになる。
　そして，このゲノム情報をもつDNAは，細胞の核の中に存在する。

ヒトの場合，細胞核の中では46本の線状のDNAが各々，染色体という構造を形成している。その内訳は22本の常染色体が2組と，性によって異なる2本の性染色体である。

そして，この量のおよそ半分，22本の常染色体と2本のXとYの性染色体に記された情報が，ヒトゲノムの情報に相当する（図7-1）。性染色体のXとYは異なる遺伝情報を保持している。一方，常染色体は，ほぼ同じ遺伝情報をもつものが細胞内に2組ある（22本×2組）。よって，ヒトという生物種の遺伝情報の総体は，22本の常染色体と2本のXとYの性染色体の情報となる（ミトコンドリアがもつDNAの遺伝情報を含めることもある。）。このように，ヒトのような雌雄があり有性生殖を行う生物では，通常，細胞内に2組分のゲノム情報がある。一方，細菌は，通常，細胞1つにゲノムは1組なので，細胞自身のもつDNAの情報がゲノムに相当する。

また，ヒトの細胞の核内のDNAは，どれも核の大きさと比較すると

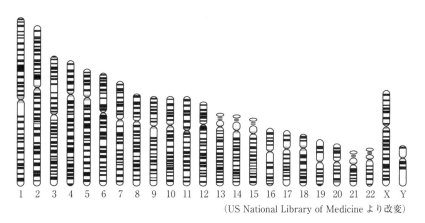

（US National Library of Medicine より改変）

図7-1 ヒトの染色体
ギムザ分染法での染色像を白黒で示した。動原体（灰色），リボソームRNAをコードする領域（横2本線）

とても長く，先の46本分を足し合わせると約2mの長さになる。そのため，DNAは折りたたまれて核の中に収納されている。したがって，ヒトのゲノムは実際には1m分のDNAに相当する。これは塩基対数で示すと約30億塩基対に相当する。ヒトゲノム解読とはこの30億塩基対の並びを解明したことを指す。

また，真核生物の場合，細胞小器官であるミトコンドリアと葉緑体は自身の遺伝情報をそれぞれの内部にあるDNA上に保持している。これらは核の染色体に収められたDNAとは独立に複製が行われる。たとえば，ミトコンドリアの場合，生物によって異なるが，ヒトであればその内部にある16000塩基対程度の環状DNAに遺伝情報を保持している。そのDNAには自身のタンパク質合成やATP合成に関わる遺伝子を保持しており，内部での転写と翻訳を介してタンパク質が合成されている。そして，その伝達は母親の卵子を介して行われる。これはヒトだけでなく他の多くの生物でも観察される。

2．ゲノムはどのような情報からなるか

ゲノムは，遺伝子情報の集合体である。たとえば，大腸菌のK12株という実験に広く使われている株の場合，ゲノムを構成するDNAはおよそ460万塩基対になる。そこに約4000のタンパク質の情報をもつ遺伝子が存在する。また，リボソームRNAなどのRNA分子の遺伝子数は約200になる。これらの情報は，ゲノムの塩基配列のおよそ9割を占めている。残りの部分は，遺伝子の転写を制御する調節領域や，遺伝子間に存在する，機能をもたないスペーサー領域と呼ばれる部分である。

ヒトのゲノムも，遺伝子情報の集合体ではあるが，大腸菌とは様相が異なる。ヒトゲノムの概要が明らかとなった2000年の推定では，ヒト

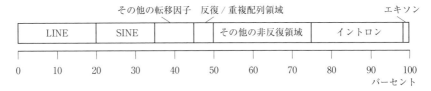

図 7-2　ヒトのゲノムを構成する各遺伝情報の割合

のゲノムの中で，タンパク質のアミノ酸情報をコードする領域（エキソン）はわずか 1.5％程度である。イントロンを含んだとしても，全体の 25％ほどである（図 7-2）。遺伝子の数などは実は未だ確定していない。米国 NCBI（国立生物工学情報センター）の 2018 年 3 月のヒトゲノム情報に基づく推定では，ゲノムの長さは約 31 億塩基対，タンパク質をコードする遺伝子数が 20203，機能性 RNA（主に翻訳や転写調節に関わる RNA，ただし多くは機能が確かめられていない）をコードする遺伝子数が 17871 とされている。2000 年の時点より機能性 RNA の情報は変化したが他の情報はあまり変化がなく，ヒトゲノムの 3/4 近くは遺伝子とは言えない部分である。

　では，他の領域には，どのような遺伝情報が記されているのだろうか。ゲノムの半分は，さまざまな反復配列からなっている。反復配列とは，同じ塩基の並びがゲノム中のさまざまな所に見られる配列をいう。これらの多くは，生物の生存や繁殖に直接必要のない遺伝情報であると考えられている。

　反復配列の中でも多くを占める配列が転移因子（トランスポゾン，転位因子，"動く遺伝子"ともいう）という，転移によってゲノム内を移動する遺伝因子である。その実体は，数百から数万塩基対の長さの DNA 塩基配列である。多くのトランスポゾンは，自身の移動やコピーを増やすためのタンパク質の遺伝子だけを保持している。ヒトのゲノム

内ではこれらのコピーが多数存在し、ゲノムあたり、L1配列（6-8千塩基対）では60万コピー、Alu配列（100-300塩基対）では120万コピーにものぼる。このようなトランスポゾンがゲノム全体の45％近くを占め、これに加えて、単純反復配列（1塩基から200塩基程度の長さを1単位とする単純な繰り返し構造）や、これら以外の重複した塩基配列をもつ領域などを含めると、50％となる。残りの25％は、反復配列、遺伝子のどちらにも相当しない領域であり、その機能は現時点ではよく分かっていない。

DNA上での遺伝子の配置

　DNA上にどのように遺伝子が存在するかを、RNAポリメラーゼⅡのサブユニットAをコードする遺伝子とその近傍を例に見ていこう。RNAポリメラーゼⅡのサブユニットAは、メッセンジャーRNAの転写を行う、RNAポリメラーゼⅡの主要な構成タンパク質の1つである。ヒトの場合、この遺伝子は、第17染色体の短腕部分に存在する（図7-1）。転写の開始点から終了点までが実際の遺伝子の領域に相当し、およそ3万塩基対になる。ヒトの遺伝子の平均が2万7千塩基対な

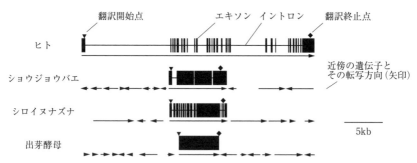

図7-3　ヒト，ショウジョウバエ，シロイヌナズナ，出芽酵母のRNAポリメラーゼⅡサブユニットAのDNA上でのエキソン-イントロン構造と近傍の遺伝子配置

ので，平均よりは少し長い。この遺伝子の転写の際，鋳型となるのは2本鎖の内の1本である。また，図7-3のヒト以外の生物のゲノムを見てもらえば明確であるが，1つの領域には，遺伝子1つ分の情報が印されている。部分的に重なることや，イントロン内に別の遺伝子が入り込んでいることは稀にある。しかし，別の遺伝子が同じ領域に完全に重なったり，混じり合ったりして存在することはない（図7-3）。

　ヒトのこの遺伝子の場合，5′上流側（図の左側になる）の遺伝子とは，約1300塩基対離れ，3′下流側（図右側）とは，約3万4千塩基対離れている。このRNAポリメラーゼⅡサブユニットA遺伝子を含む領域は比較的遺伝子が密にコードされており，ヒトの遺伝子間の平均的距離である10万塩基対と比較すると間隔が狭い。また，他の生物での遺伝子の転写方向を見ると，遺伝子によって異なっていることが分かる。このように同じ染色体の中でも転写時に鋳型となる鎖は，遺伝子によって異なっている。

　ヒトのRNAポリメラーゼⅡサブユニットA遺伝子は，29のエキソンからなる。最終的に作られるタンパク質のアミノ酸数は1970であり，これはDNAでは5910塩基分となる。したがって，転写産物のうち，2万4千塩基分が，イントロンや非翻訳領域に相当する。そして，このイントロン領域にも，実は多数の反復配列が存在し，少なくとも46の転移因子が挿入されその合計長は，およそ1万4千塩基対になる。また，反復配列はイントロンだけでなく遺伝子と遺伝子の間のスペーサー領域にも多数見られる。

　一方，ショウジョウバエ，シロイヌナズナ，出芽酵母で同じ遺伝子をコードする領域は，ヒトに比べるとイントロンの数も少なく，長さも短い（図7-3）。また，スペーサー領域も短い。この遺伝子領域だけでなく，ゲノム全体で同様の傾向を示す。このようにヒトのゲノムがもつ特

徴の1つは，生存や繁殖に直接関与しない反復配列が多数を占めている点である。これは，ヒトだけではなく，脊椎動物や植物でもゲノムのサイズが大きな生物種において見られる特徴である。何らかのゲノムの性質がこのような反復配列の増幅を可能とするのであろう。

3. 生物種によるゲノムの違い

　ある生物種の特徴や性質を生じさせるのに必要な遺伝情報は何か。現時点では，ゲノムを構成するDNAの塩基配列が分かれば，どのような機能に関わる遺伝子がその生物の遺伝情報を形成しているかを，詳細に知ることができる。よくゲノム解読という言葉を見聞きするが，現時点でゲノム解読から分かることは，そのような基本的なことである。たとえば，ヒトとチンパンジーのゲノムが解読されている。ゲノムのDNA塩基配列を比較して，違いがどこにあるかも分かっている。しかし，両者の生物としての違いは，一体，遺伝情報のどの違いに相当するのかといった，高次の生命現象とゲノムの因果関係については，いまだ多くのことが謎に包まれている。したがって，ヒトをヒトたらしめるのに必要な遺伝情報は何か，ということを説明するのは現時点では難しい。

　一方，ゲノムの量的な違いは，ゲノム解読により，明確に分かるようになってきた。その1つはゲノムの大きさ（サイズ）である。塩基対数がその指標となる（図7-4）。細菌や古細菌は，生物種によって10万から1000万塩基対まで100倍ほどの違いがある。真核生物では，さらに，その差は大きく，1000倍あるいはそれ以上になる。

　また，ゲノムにコードされる遺伝子の数でも，そのゲノムの遺伝情報の量を見ることができる（図7-4）。原核生物は，ゲノムの大きさとゲノムにコードされる遺伝子の数との間の相関が高い。これは，いずれの生物種でもスペーサー領域が短く，ぎっしり遺伝子が詰まっているため

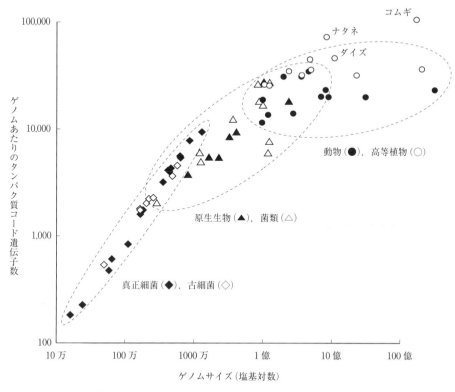

図 7-4　さまざまな生物におけるゲノムサイズとゲノムあたりのタンパク質コード遺伝子数

である。一方，真核生物では，異なる様相を示す。ゲノムの大きさがある程度小さい生物種では相関を示すが，大きくなるにつれてゲノムの大きさとの関係が曖昧になる。これは，ゲノムが大きい生物種ほど，イントロンやスペーサー領域が長く，トランスポゾンの数も多いためである。よって，ヒトのようにゲノムが大きくとも，それより小さなゲノムをもつイネ，トウモロコシ，アブラムシ，ミジンコなどの方が，遺伝子

数が多い場合もある。ただし，遺伝子数の多いことが，生物の複雑さや，多様な環境への適応能を示している訳ではない。例えば，コムギ，ナタネ，ダイズはゲノムが比較的大きく，さらに遺伝子数はそれにも増して多い。これらの作物のゲノムは異質倍数体といって，過去の近縁種との交配によって複数種分のゲノムを細胞中に保持している。コムギでは3種分のゲノムが1つの種のゲノムになっている。よって，遺伝子数が10万にも及ぶ。このように過去の歴史が遺伝子数に大きく関わっていることが明らかになってきた。これらの植物以外にも同様の例は知られており，動物でもアフリカツメガエルは異質倍数体であることが明らかになっている。

4．ゲノムを調べると何が分かるか

　ゲノムの塩基配列を決定すると，そこにコードされる遺伝子の数やその特徴が分かる。ヒトのような複雑なゲノムの場合，ゲノムの塩基配列情報だけから類推するのは困難なためメッセンジャーRNAの塩基配列も決定し，その情報も利用する。これによって，ゲノムの塩基配列のどこにどのように遺伝子が存在するのかが分かる。そして，その機能を推定するには，似たものは似た性質をもつという法則を利用して，類似のアミノ酸配列をもつタンパク質を検索し，その機能から類推することができる。

　たとえば，ヒトのタンパク質をコードする遺伝子の場合，その21％は，真核生物のみならず原核生物のゲノムにも，類似のアミノ酸配列をもつタンパク質の遺伝子が存在する（図7-5）。大腸菌では，タンパク質の機能もよく分かっているので，大腸菌での機能からヒトでの機能推定もできる。真核生物全体に共通する遺伝子，動物に共通する遺伝子，脊椎動物に共通する遺伝子と，徐々に限定されるが，ヒトの遺伝子の多

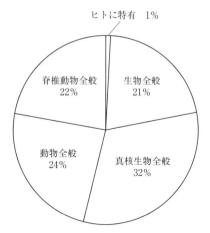

図 7-5　ヒトの遺伝子は，どの生物群まで共有されているか？
ヒトのタンパク質について，どのような生物群のタンパク質と類似性を示すかを調べた。たとえば，ヒトのタンパク質の 21％は，生物全般に共有されており，ヒト特異的なタンパク質はわずかである。

くは，他の生物のゲノムにも類似の遺伝子が存在する。そして，ヒトに特異的な遺伝子は，実は 1％程度であることが分かってきた。他の生物のゲノム解読が進展することにより，さらに少ない値になると予想される。このように，ゲノム解読によって，ヒトのタンパク質の機能を直接調べなくとも，他の生物での機能を明らかにすることによって，ヒトのゲノムにある遺伝子の役割を知ることができる。

5．ゲノムの個体差

　生物種が異なれば，そのゲノム情報は異なっている。また，その違いから各々の生物種の特徴を予測することができる。これは生物種内の違いにおいても，同様な議論ができる。たとえば，細菌の場合，同じ種で

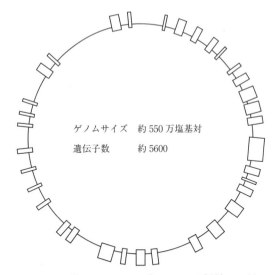

図 7-6　大腸菌 O157：H7（EDL933 系統）のゲノム
K12 にはない遺伝情報を持つ領域を□で示した。約 140 万塩基対分に相当する。

あっても，系統が違うと遺伝情報もかなり異なる場合がある。食中毒の原因となる O157 という大腸菌と，実験に一般的に使われる K12 という大腸菌を比較すると，基本的な部分は同じ大腸菌なのでよく似ている。しかし，ゲノムサイズは O157 の方が大きく，ゲノム上の遺伝子数も多い。その増加分は，O157 の系統で大腸菌以外の細菌に由来する遺伝子を含む DNA 断片が，複数入り込んだためである。そして，その増えた部分に K12 には無い，O157 においてヒトに対する病原性に関わる物質を生産するための酵素の遺伝子が存在する（図 7-6）。別の O104 という大腸菌なら，異なるタイプの病原性に関する遺伝子群が存在する。さらに O104 の中にも違いがある。このように同じ生物種内の系統や個体間でゲノムを比較することにより，その性質の違いが遺伝情報のどの部分の違いに相当するのかを推測することが可能である。

```
                         *
ALDH2*1型   ……TAC ACT GAA GTG AAA ACT……
(活性型)      チ   ト   グ   バ   リ   ト
             ロ   レ   ル   リ   シ   レ
             シ   オ   タ   ン   ン   オ
             ン   ニ   ミ           ニ
                  ン   ン           ン
                      酸

                         *
ALDH2*2型   ……TAC ACT AAA GTG AAA ACT……
(非活性型)    チ   ト   リ   バ   リ   ト
             ロ   レ   シ   リ   シ   レ
             シ   オ   ン   ン   ン   オ
             ン   ニ                 ニ
                  ン                 ン
```

図 7-7　ヒトのアセトアルデヒド脱水素酵素 2（ALDH2）の酵素活性にかかわる塩基多型

　このような比較は細菌などの小さなゲノムをもつ生物だけではなく，現在ではヒトでも行われている。ヒトの場合は，個体間のゲノムの塩基配列の違いは，およそ 0.1 ％ である。つまり，異なる個体を比較すると 1000 塩基対に 1 カ所程度の違いがある。この違いは，主に塩基の置換や短い配列の挿入，欠失であり，保持する遺伝子の種類が大きく異なるといった大腸菌の異なる系統間のような違いはない。

　そのような細かい違いを調べたところで，個体の外見や性質の違いとは関係ないと思うかもしれない。しかし，実際は，1 塩基の違いが個体の特徴に大きな影響を与える場合もある。摂取したアルコールの分解過程において生じる，アセトアルデヒドの分解を担うアセトアルデヒド脱水素酵素 2（ALDH2）遺伝子では，たった 1 カ所の塩基の違いが，個体のアセトアルデヒド分解能力の違いを生み出し，それが原因となって遺伝的にお酒が飲めない体質を示す場合もある（図 7-7）。あるいは遺伝子疾患（遺伝病）においても，ほんのわずかな塩基対の挿入や欠失によって引き起こされている例は多数ある。したがって，個体間の DNA

塩基配列の違いを詳細に解明し，その中から，表現型や疾患感受性の個体差に関連する違いを同定することは，生物学および医学にとって，ヒトゲノム解読の最終的なゴールの1つである。

ヒトの個体間のゲノム塩基配列の違いをより詳細に知るために，さまざまな地域集団由来の1000人（多数という意味で）のゲノムの全塩基配列を決定する研究が行われている。その2015年の報告では，2504人のゲノムを調べて，8800万カ所の個体間でのDNAの塩基配列の違いが発見されている。ただし，これらの全てが特定の個人に見られるといったことはない。多くはごく少数の個体にしか見られない。それでも，標準的なヒトゲノムとある個人のゲノムの塩基配列を比較すると，ゲノム1セットあたり400-500万ヶ所の違いがあると見積もられており，ゲノムサイズが30億塩基対とするとおよそ0.1%の違いがあるというこれまでの結果と一致する。また，タンパク質のアミノ酸配列に違いを引き起こすものは，同様に標準的なゲノムと比較するとゲノム1セットあたり1万から1万2000ヶ所であることが分かった。さらに，その中でタンパク質の読み枠が部分的に損なわれるなど，タンパク質の機能を損なう可能性があるものは平均して150-180ヶ所にも及ぶことが明らかになっている。そして，ヒトの遺伝子疾患を引き起こす原因として，同定されている塩基の置換や挿入，欠失などは，各個人のゲノムにはおよそ20-30ヶ所にもなると推測された。ただし，これらの変異の多くはおそらく，いずれも個体のもつ2セットのゲノムのうち，一方が機能する遺伝子情報を保持していれば，遺伝子疾患を引き起こさないと考えられる。単一遺伝子の変化で疾患を引き起こすもの（1コピーでも変異を持つと遺伝子疾患を引き起こすタイプ）は，極めて低い確率でしか存在しないため，ゲノム1セットあたりで見ると0に近い値であろう。

このような個人のゲノム塩基配列の違いを調べ，そのデータを蓄積し

ていくことにより，遺伝子疾患に関わる塩基配列の違いはどこにあるのか，あるいは，遺伝子の変異とは直接関係ない疾病であっても，罹患しやすさや，その治療に用いる薬剤の効果，副作用の度合いなどに影響を与える個体間のDNA塩基配列の違いが，徐々に明らかになってきている。

6. 遺伝子の発現量

ゲノム科学は，ゲノムの塩基配列情報だけを調べる学問ではない。現在では，遺伝子の転写量や，発現タンパク質の量，あるいは，代謝の基質や生成物となる分子などもその解析の対象としている。その解析の歴史は長く，さまざまな方法が開発されてきた。

遺伝子の発現量を知るには，タンパク質の存在量を知るのが理想である。しかし，実際にその量を測ることは容易ではない。その代わりとして，遺伝子の転写産物の量を測定する方法が広く行われている。遺伝子

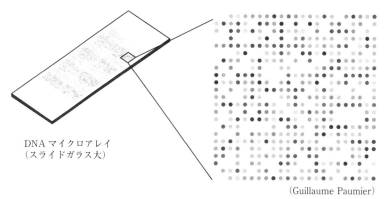

DNAマイクロアレイ
（スライドガラス大）

（Guillaume Paumier）

各点の発光量が遺伝子の特定の領域の転写量と対応

図7-8　DNAマイクロアレイを用いた遺伝子転写量の解析

の転写産物の量を知るには，いくつかの方法がある。1つは，DNAやRNAが相補鎖と塩基対を形成する特徴を利用した方法である。特に，現在ではDNAマイクロアレイの利用が盛んである。これは，数万から数十万種類の遺伝子に相当する多数のDNA断片をガラスやシリコンに高密度に配置し，固定したものである（図7-8）。

転写産物の量を知りたい組織から抽出したメッセンジャーRNA（mRNA）を鋳型に，相補的なDNAやRNAを作成し，蛍光物質で標識する。これをDNAマイクロチップ上のDNA断片と相補性を利用して，結合させる。そうすると，目的の組織でたくさん転写されている遺伝子では，DNAマイクロアレイ上のその遺伝子部位に，蛍光標識された相補鎖が結合し，そのことが強い蛍光として検出される。一方で，転写されていない遺伝子は，その遺伝子のDNAマイクロアレイ上に結合するものはなく，蛍光が検出されない。遺伝子には恒常的に転写されて

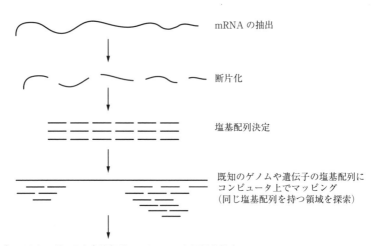

図 7-9　RNA-Seq 法による遺伝子転写量の解析

いるものもあるので，通常は異なる複数の組織のmRNAを抽出して，各遺伝子について相対的にどれだけ違いがあるかを見る。

　現在注目されている新たな方法は，mRNAの塩基配列を大量に決定する方法である。具体的には，mRNAを抽出，断片化して，その塩基配列を大量に決定し（一度に50億以上の断片を決定可能），そうするとどの遺伝子がどれだけ転写されているかを知ることができる（図7-9）。この方法でも，異なる複数の組織のmRNAを抽出して，各遺伝子について相対的にどれだけ変化したかを見る。このようにして，細胞の遺伝子発現の詳細を知ることができるようになり，特定の生命現象と関連する遺伝子（群）の発見が期待される。

参考文献

中村桂子，松原謙一（監訳）『細胞の分子生物学　第6版』ニュートンプレス，2017

D・サダヴァら（著）丸山敬，石崎泰樹（監訳）『カラー図解 アメリカ版 大学生物学の教科書 第3巻 分子生物学』講談社，2010

服部成介，水島-菅野純子（著）『よくわかるゲノム医学：ヒトゲノムの基本から個別化医療まで　改訂第2版』羊土社，2016

8 | 細胞膜　その構造と機能

二河　成男

《**目標＆ポイント**》 細胞には，さまざまな膜構造が存在する。細胞を包む細胞膜だけではなく，細胞小器官も同様の膜に包まれている。これら生体膜の役割は，細胞の外と内の境界を規定するという，静的な役割だけではなく，細胞外部からの物質の取り込みや内部からの分泌，外部からの刺激や信号の受容（第11章），電子を利用した効率的なエネルギー転換などの，細胞の基本的な機能に関わっている。この章では細胞膜の構造と機能を解説することによって，新たな細胞膜像を紹介する。
《**キーワード**》 脂質二重層，リン脂質，選択的透過性，エンドサイトーシス，エキソサイトーシス

1. 細胞を包む細胞膜

　細胞は17世紀にフックによって発見された。フックは顕微鏡を用いてコルクの切片を観察したところ，小さな部屋のような構造を発見した。そして，それを細胞と名付けた。フックは細胞と細胞の間に壁があると見たのかもしれない。つまり，大きな部屋を壁で区切る網目状の構造を見いだしたのである。しかし，現在では，細胞は細胞膜によって包まれていることが明らかになっている。つまり，多細胞生物は1つ1つの細胞が集まってその個体が形成されており，個体の中を区切ることによって細胞が形成されているわけではない。

2. 細胞膜の役割

まずは，細胞膜の役割について，考えてみよう。1つは，外部と内部を区別する境界としての役割である。生物は酵素を触媒としたさまざまな化学反応を営んでいる（第9章）。そのためには，酵素や基質を細胞のような，ある狭い領域に閉じ込めて，効率的に反応が起こるようにする必要があり，細胞膜はそのために欠かせない構造である。真核細胞では，細胞質中に細胞小器官という膜で包まれた構造があり，その内部は細胞質とは異なる環境を作り出すことによって，内部の酵素反応を効率よく進めている。

また，外部と内部を区別する一方で，細胞は，外部から細胞内で利用する分子を取り入れ，内部で不要となったものは排出し，細胞内の環境を安定な状態に保たなければならない。このような特定の分子だけを輸送する仕組みを選択的透過性といい，これも細胞膜が担う役割の1つである。さらに，外部の環境からの刺激や，他の細胞から伝達された情報の受容と細胞内部への伝達，あるいは，ミトコンドリアでの効率のよいATPの合成も膜を利用している。このように細胞膜は，細胞の主要な機能に関わっている。まずは，その基本構造について見ていこう。

3. 細胞膜を構成するリン脂質

細胞膜を構成する主要な分子の1つが，リン脂質である。リン脂質は，両親媒性という特徴をもつ（図8-1）。両親媒性とは，1つの分子の中に，水と相性のよい親水性の部分と，油と相性のよい疎水性の部分という，相異なる性質をもつことをいう。細胞内のような水分に富んだところでは，疎水性の分子が単独で存在すると，極めて不安定な状態に置かれることになる。そのため，疎水性の分子は他の疎水性を示す分子と

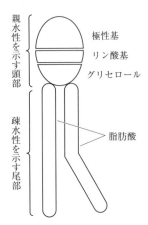

図 8-1　リン脂質の基本構造

接した安定な状態に移行しやすい．たとえば，水に油を垂らすと油は油だけで集まる．油同士，お互いに疎水性の特徴を持つためである．リン脂質のような両親媒性の分子の場合も同様であり，水の中では，疎水性部位は疎水性部位同士で集合する．そうすると，両親媒性の分子はミセルという球状構造を取る（図 8-2）．内部は疎水性部位同士で，外部は親水性分子が水と接する状態になり，ミセルは安定に維持される．

　しかし，これでは細胞膜は形成されない．リン脂質では，ミセルではなく，二重の層を形成する．これは（図 8-2）のように，親水性の部位を外側，疎水性の部位を内側にしたものである．この構造を脂質二重層という．ミセルを形成しない理由は，リン脂質では疎水性の尾部の径が大きく，分子の形状が円筒に近い形となり，球状より層状の方がより安定し，自然に膜が形成されるためである．さらに，層状のままでは，縁の部分にあたるリン脂質の疎水性部位が水と接することになり，不安定である．よって，層の状態を保ったまま縁の部分が結合して，内部が水に満たされた閉じた構造を取る（図 8-3）．これが，細胞や細胞内の小

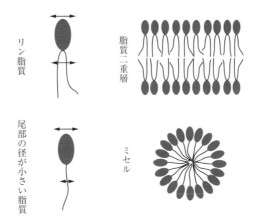

図 8-2 水の中で，両親媒性の脂質がとる構造
頭部と尾部の径がほぼ一致するリン脂質では，二重層構造（上）をとる。一方，洗剤などの尾部の径が小さい脂質では，ミセル状の構造をとる。
（細胞の分子生物学（第5版）より改変）

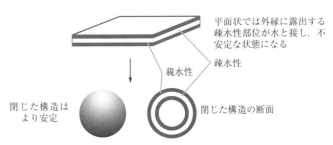

図 8-3 脂質二重層は閉じた構造がより安定
（細胞の分子生物学（第5版）より改変）

胞などが，安定に存在する理由である。

このように脂質二重層は，間に疎水性の層を挟むため，疎水性の小さな物質は，比較的容易に通過することができる。一方で，金属イオンなどの親水性の物質は，たとえ小さくとも膜を直接横切って通り抜けるこ

とはできない。生体内の分子には、比較的親水性のものが多く、それらの膜をはさんだ移動は制限される。脂質二重層のもう1つの特徴はその流動性にある。個々の脂質は、脂質二重層の平面上を移動することができる。ある条件では1秒間に1マイクロメートル動くことができる。細菌なら、数秒で細胞表面を1周できる早さとなる。

4. 細胞膜に機能を付与するタンパク質

　リン脂質によって作られる脂質二重層という基本構造は、細胞膜に普遍的な特徴をもたらす。一方で、個々の細胞に違いをもたらすものが、細胞膜に存在するタンパク質である。さまざまな細胞の細胞膜におけるタンパク質と脂質の割合を図にまとめた（図8-4）。多くの細胞や細胞小器官ではタンパク質の割合が脂質を上回っている。この点だけを強調するならば、細胞膜は主にタンパク質からなるともいえそうだが、膜の一番重要な役割である、外部と内部の境界を区別している分子はリン脂

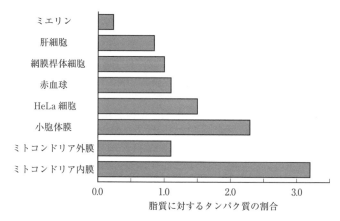

図 8-4　種々の細胞膜あるいは細胞小器官の膜での脂質に対するタンパク質の割合（質量比）

質なので，両者が主たる構成分子といえる。

5．細胞膜の構造

　タンパク質と脂質が，どのように細胞膜を構成しているのかを見ていこう。細胞膜を模式的に描くと図 8-5 のようになる。これは 1972 年にシンガーとニコルソンによって提唱された細胞膜のモデルである流動モザイクモデルに，現在の知見を加えたものである。このモデルの特徴は，脂質二重層の中に，タンパク質がモザイク状に入り込んで自由に拡散して移動できるという点にある。実際には，図のようにタンパク質は細胞膜の中を貫通するように存在するものと，膜の表面に張りつくように存在するものとがある。膜を貫通するタンパク質は，膜タンパク質と呼ばれ，膜の疎水性の部位にあたる部分は，タンパク質自体も疎水性の

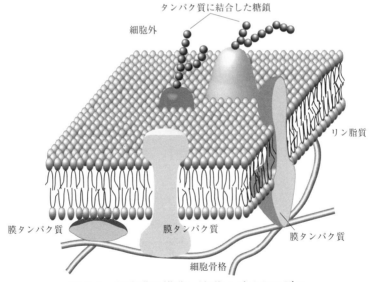

図 8-5　細胞膜の構造：流動モザイクモデル

性質を示すアミノ酸に富んでいる。また，膜の表面に存在するものは，脂質と結合する部位があり，それを錨のようにして細胞膜に自身をつなぎ止めているものや他の膜タンパク質の助けをかりてつながっている。また，脂質二重層にはリン脂質だけでなくコレステロールも多数ふくまれている。コレステロールは細胞膜の流動性に影響を与えていると考えられている。

また，細胞膜の内側と外側にも違いが見られる。たとえば，細胞膜外側では，タンパク質や脂質には糖鎖が結合しているが，細胞質側には糖鎖は見られない。その代わりにスペクトリンなどの細胞骨格タンパク質が膜タンパク質と接着している。そして，細胞膜を構成する脂質は，いくつかの種類に分けられる。その存在比は，同じ細胞膜の内と外であっても異なっている。これは流動性は同一の層上にはあるが，異なる層へはリン脂質単独では移動できないことにも依存している。また，タンパク質も，たとえ膜を貫通しているものであっても，外側にある部分は常に外側に存在する。

6．細胞膜による選択的透過性

細胞膜の機能はいくつかあるが，まずは，選択的透過性について説明しよう。選択的透過性とは，特定の物質だけを内から外，あるいは外から内へ輸送することである。もし，脂質二重層が，リン脂質やコレステロールなどの脂質だけからなるとすると，一部の疎水性の分子以外，膜を通過することはできない。糖，アミノ酸，あるいは水でさえも通り抜けることが困難である。そうすると，通過できる物質は，気体状の酸素や二酸化炭素，一部の疎水性分子である。よって，細胞膜は，基本的には物質を通さないようにできている。そして，必要なものだけが，タンパク質の通路を通って移動することができる。この通路となるタンパク

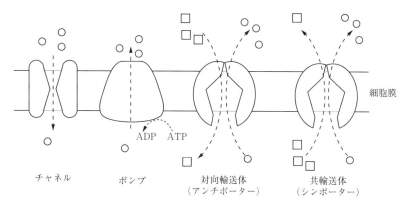

図8-6 細胞膜に局在する様々な膜間輸送に関わるタンパク質

質には2種類のタイプがある。その輸送を主に濃度勾配に沿った拡散に依存するチャネルタイプと，電気的勾配やATPの持つエネルギーを利用して輸送するポンプや共役輸送体タイプの二種類である（図8-6）。

チャネル

　チャネルは，細胞膜中にタンパク質で囲まれた外と内を結ぶ小さな通り道を作ることによって，イオン（Na^+，K^+，Cl^-，Ca^{2+}など）や水を通す。そして，チャネルの種類ごとに，特定の物質だけを通す（図8-6）。たとえば，Na^+チャネルは，Na^+だけを通す。ただし，いつも通すわけではなく，何らかの刺激に応じて（電位変化，調節因子の結合，機械的刺激など），イオンの通路を閉じたり開いたりすることによって，流入を調節することができる。選択的な透過性で重要な点は，どの分子だけを通すかという点と，どのような力やエネルギーを利用して分子を輸送するかという点にある。チャネルの場合は，その構造によってどの物質が通過するかが決まる。通り道と同じ大きさで電荷が一致したものだけが選択される。そして，輸送には，いずれも膜内外での分子の濃度勾配を利用している。チャネルが開くと，そのチャネルを通過で

きる物質は，膜の内外で濃度の濃い方から薄い方へ，チャネルを通じて移動する（電気的勾配にも依存している）。このような勾配を利用した輸送を受動輸送という。

ポンプ

　受動輸送では，細胞の外と内とが均質化される方向にのみ，分子が移動する。これでは，細胞は必要な分子の取り込みと排出を調節することができない。調節するには，受動輸送とは逆に，濃度勾配に逆らって輸送を行う必要がある。このような働きをするタンパク質の1つに，ポンプと呼ばれるものがある。濃度勾配に逆らうためには，エネルギーが必要であり，ポンプの場合，ATPをADPに加水分解することによって得られるエネルギーを利用して，輸送を行う（図8-6）。たとえば，Na^+-K^+ポンプの場合，細胞の内外では通常，Na^+は細胞の外の濃度が高く，K^+はその電荷の偏りの釣り合いを取るように細胞内の濃度が高い。何らかの理由で，Na^+チャネルが開き，Na^+の細胞内への流入が起こった時，細胞は，再び，元のイオンの分布状態に戻す必要がある。この輸送にはイオンチャネルは利用できない。なぜなら，濃度勾配に逆らってイオンを輸送する必要があるためである。Na^+-K^+ポンプは，ATPに保存されているエネルギーを消費してNa^+を細胞外に排出し，同時にK^+を細胞内に取り込む。このようにして，細胞のイオン濃度は保たれている。

共役輸送体

　共役輸送体も，チャネルやポンプと同様に，1つの輸送体は特定の分子の輸送のみを行う。輸送の方法には2種類あり，2つの分子を同時に同方向に運ぶもの（共輸送）と，2つの分子を逆方向に運ぶもの（対向輸送）である（図8-6）。共輸送の場合，ATPの加水分解などのエネルギーは利用せず，たとえ濃度勾配に逆らう輸送の場合でも，別の分子を

濃度勾配にそって同時に移動させることにより，濃度勾配に逆らう分子の移動の助けとする．たとえば，腸において栄養の吸収にはたらくNa^+グルコース共輸送体の場合，Na^+と同時にグルコースの輸送を行う．グルコースは細胞外での濃度が低く，受動輸送では細胞内に輸送できない．細胞外での濃度が高いNa^+をグルコースと同時に輸送することによって，直接，ATP を消費すること無くグルコースの能動輸送を行っている．

7．細胞膜を利用した輸送

先に述べた細胞膜を横切る物質の輸送は，比較的小さな分子に関するものである．真核細胞では，さらに大きなもの（タンパク質，細菌や他の細胞の破片など）を細胞内に取り込むことができる．これはタンパク質からなる構造ではなく，細胞膜そのものを袋として，細菌を内部に取り込んで分解する，あるいは，分解後の不要なものを排出している．細胞膜を利用した内部への取り込みをエンドサイトーシスといい，物質の外部への分泌をエキソサイトーシスという（図 8-7）．また，細胞内部でのタンパク質や脂質などの輸送にも細胞膜で包まれた小胞が利用され

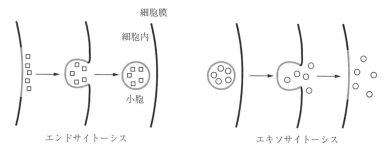

図 8-7　エンドサイトーシスとエキソサイトーシス
小胞も膜構造からなり，エンドサイトーシスでは細胞膜から分離し，エキソサイトーシスでは融合する．

図 8-8　エンドサイトーシスの食作用（左）と飲作用

ている。

エンドサイトーシス

　アメーバなどの単細胞性の真核生物は細菌などを餌としている。多くの場合，餌をいったん細胞内に取り込んで分解する。ヒトの食細胞であるマクロファージも同様であり，非自己である細菌や死んだ細胞をいったん細胞内に取り込む。この取り込みは細胞膜を利用したエンドサイトーシスによって行っている。このような食細胞だけでなく通常の細胞も，細胞外部から必要な養分をエンドサイトーシスによって取り入れている。

　エンドサイトーシスには大きく分けて，2つの種類がある。前者が食作用といい，後者が飲作用という（図 8-8）。食作用は，細胞膜が細胞の外側に大きく伸長して，比較的大きな構造を包みこむ。包みこむ部位ではアクチンなどの細胞骨格によって構造が形成されるなど，大掛かりなものである。一方，飲作用は，タンパク質やその他の分子を取り込む。細胞膜の一部に，クラスリンというタンパク質による被膜が形成され，その部分の細胞膜が細胞内部に陥入し，くびれ切れることによって，細胞内部に取り込まれる。いずれも細胞膜の構造変化が必要であり，そこでは多数のタンパク質が裏打ちするように細胞膜の構造を支えている。

これらの過程で取り込まれたものは，再利用可能な細胞膜成分は，再び細胞膜に戻り，それ以外のものは，最終的にリソソームなどの分解酵素に富む細胞小器官と融合して，分解される。

エキソサイトーシスとゴルジ体

　細胞小器官の1つにゴルジ体というものがある。ゴルジ体は，小胞体で合成，あるいは修飾された脂質やタンパク質を受け取り，適切な部位に輸送する働きを担っている。この輸送には輸送小胞あるいは分泌小胞という，生体膜で包まれた小胞を利用している（図8-9）。

　小胞体から小胞を介して輸送されたタンパク質は，ゴルジ体を経て輸送される。その内いくつかの経路はその詳細が明らかになっている。特に，細胞外部，あるいは細胞膜への輸送経路である，構成性分泌経路と調整性分泌経路がよく調べられている。どちらの経路もゴルジ体から分泌小胞によって，細胞膜上の膜タンパク質や脂質，あるいは外部に分泌されるタンパク質を輸送する。構成性分泌経路は，細胞の状態によら

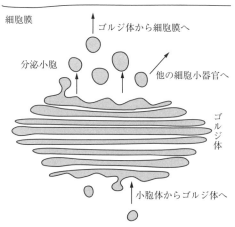

図8-9　**ゴルジ体と小胞による細胞内輸送**

ず，恒常的に輸送が行われている経路である。恒常的に細胞膜を維持する役割を担っている。一方，調節性分泌経路は，消化酵素などのゴルジ体で濃縮された特定の物質が，外部からの刺激によって，分泌する経路である。これらは，いずれも分泌小胞が，細胞膜と融合することによって，細胞膜や細胞外への運搬を行う。

8. 膜を利用したエネルギー転換

　動物の細胞において利用するエネルギーは，主として ATP という分子に保持されており，必要な化学反応時に，ATP から ADP に加水分解することによって，そのエネルギーを利用している。一方で，ATP 自体は，解糖系などの代謝の中で，ADP へのリン酸付加によって合成される（第9章）。この ATP の合成を効率よく行っているのがミトコンドリアである。この効率のよい合成を，酸化的リン酸化という。この反応はミトコンドリアの内膜（二枚の膜のうちの内側の膜）に形成され

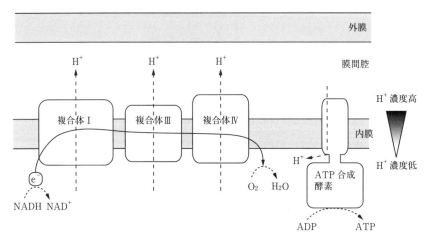

図 8-10　ミトコンドリアでの膜間の H^+ 濃度勾配を利用した ATP 合成

た，電子伝達系という複数のタンパク質の関わる化学反応により形成されるプロトン（H^+）濃度勾配を利用している（図8-10）。

　ミトコンドリア内部では，細胞質からピルビン酸や脂肪酸を取り込み，NADHを作り出している（図8-10）。NADHは，ミトコンドリアの内膜にある電子伝達系を構成する複合体Ⅰ（Ⅰ，Ⅲ，Ⅳともに多数のタンパク質からなる）上で，NAD^+に変換される代わりに自身のもつ電子を複合体Ⅰに渡す。電子は複合体Ⅲ，複合体Ⅳへと移動し，最終的に酸素に渡される。電子を受け取ったO_2（酸素）は，プロトンとともにH_2O（水）になる。このように電子が複合体を伝って渡されていくので電子伝達系という。この電子伝達の間に，各複合体は，内部のプロトンを内膜外側の膜間腔に輸送する。その結果，内膜を挟んでプロトン勾配ができる。内膜中には，プロトン勾配に沿ったプロトンの移動を利用してATPを合成するATP合成酵素が存在し，この酵素がATPを合成する。

　このような膜を利用したエネルギー転換（ピルビン酸や脂肪酸の持つ化学的エネルギーをATPに転換）は，葉緑体でも行われている。葉緑体の場合は，太陽光のエネルギーを利用して，水から取り出した電子を，膜タンパク質の間で受け渡しながら，プロトン勾配を作り出し，ATPの合成を行っている。

参考文献

D・サダヴァら（著）丸山敬，石崎泰樹（監訳）『カラー図解 アメリカ版 大学生物学の教科書 第1巻 細胞生物学』講談社，2010

中村桂子，松原謙一（監訳）『Essential 細胞生物学 原書第4版』南江堂，2016

中村桂子，松原謙一（監訳）『細胞の分子生物学 第6版』ニュートンプレス，2017

Trudy McKee, James R. McKee（著），市川厚（監），福岡伸一（監訳）『マッキー生化学（第6版）：分子から解き明かす生命』化学同人，2018

9 | 細胞内の化学反応

二河　成男

《**目標&ポイント**》　細胞内では，必要な物質やエネルギーを得るために，さまざまな化学反応が起こっている。化学反応は細胞内に限らず，あらゆるところで起こっている。しかし，細胞内で起こる化学反応は，細胞内特有の性質をもつ。細菌なら$1\,\mu m^3$にも満たない小さな区画で，多数の種類の分子が存在し，複数の化学反応が同時に起こる。このような複雑な系でありながら，細胞の活動にあわせて，正確に制御されている。この章では細胞内での化学反応の特徴を説明する。
《**キーワード**》　酵素，解糖系，代謝，代謝経路

1. 代謝とは

　細胞内で生じる化学反応の中でも，生物が生命活動に必要な物質を合成する反応や，エネルギーを得るために行う物質を分解する反応を代謝という。細胞内の化学反応のほとんどは，酵素の触媒作用による反応なので，代謝を細胞内の酵素反応と見ることもできる。まずは，解糖系という細胞に必要なエネルギーを取り出す代謝を例に説明しよう。
　解糖系では，グルコース（ブドウ糖）からエネルギーを取り出し，それをATP（アデノシン3リン酸）とNADH（ニコチンアミドアデニンジヌクレオチド）というエネルギー（活性型）運搬体（エネルギーを必要とする生体内の化学反応にエネルギーを供与する分子）に移している。私たちの日常生活では，石油のもつエネルギーを，運搬・利用しや

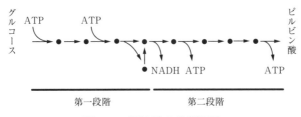

図 9-1　解糖系の代謝経路
矢印は酵素の触媒する化学反応を示す。化学反応ごとに代謝中間体（●）が生成される。第一段階において，グルコース1分子あたり2分子の代謝中間体が生成されるため，1分子のグルコースからは，最終的にATP2分子とNADH2分子を回収することができる。

すい電気に変換し，それを実際の家庭等で利用している。これらを解糖系にあてはめると，グルコースは石油に，ATPやNADHは電気に，実際の化学反応が家庭の電気機器に相当する。

　グルコース分子が保持するエネルギーの中でも，細胞が利用するのは，分子内の化学結合に保持されているエネルギーである。したがって，解糖系は，グルコースの分子内のエネルギーを，ATPとNADHの分子内のエネルギーに移し換えて貯蔵する反応と見ることもできる。

　実際には，解糖系では，1分子のグルコースが分解されると，2分子のピルビン酸が生成される。その過程で，ATPとNADHがそれぞれ2分子新たに生成される（実際にはATPは4分子生成されるが，その生成の前に2分子のATPを消費するため，新たな生成は2分子とした）（図9-1）。

2．代謝経路

　細胞の代謝は，一連の連続した化学反応からなっている。たとえば，解糖系は連続した10個の化学反応からなる。つまり，10回の段階を経

て，グルコースが最終的にピルビン酸に分解される。個々の化学反応には，専用の酵素が関与しており，まずは，グルコース（基質）がヘキソキナーゼ（酵素）により，グルコース6リン酸（代謝中間体）になる。この後は順次，生成された代謝中間体は別の酵素により次の代謝中間体となり，反応が進む。したがって，グルコースがピルビン酸（生成物）になるまでには，9種類の代謝中間体と，10種類の酵素が関与することになる。解糖系以外の他の多くの代謝も，このように複数の酵素が関わる一連の化学反応から構成されており，これを代謝経路という。解糖系の代謝経路は，図9-1のようになる。代謝経路は，直線状の経路だけではなく，環状の経路もあれば，途中で分岐したり，合流したりといった経路もある。

代謝経路の化学的な特徴

　代謝経路が，先に示したように複数の専用の酵素によって複数の化学反応に分かれていることには，いくつかの利点がある。まずは，燃焼反応と比較してみよう。たとえば，解糖系では，グルコースがもつエネルギーを取り出して，細胞活動で利用しやすいエネルギー形態に変換している。燃焼（注：ここでは発熱を伴う激しい化学反応に限定する）という反応も化学結合からエネルギーを得るという点は，類似している。また，生体内では，グルコースは解糖系でピルビン酸に変換され，さらに別の代謝経路によって，最終的に二酸化炭素と水に変換される。燃焼も同様であり，グルコースが燃えると，二酸化炭素と水が生成される。代謝は取り出したエネルギーの一部をATPやNADHの合成に利用し，燃焼は，取り出したエネルギーの大部分を熱や光として放出する。この点が代謝と燃焼の大きな違いである。

　これら2つの反応において，反応物（基質）が化学反応を経て，生成物に至るまでに，どのように反応物からエネルギーが放出されるかを，

比較した（図9-2）。これら2つの反応の違いの1つは、活性化エネルギー（ある化学反応が生じるのに必要なエネルギー）の大きさである。代謝経路では、酵素のはたらきにより個々の反応自体の活性化エネルギーを小さくすることができる。したがって、比較的低い温度でも効率よく反応が起こる。一方、燃焼は酵素のはたらきがなく、高い活性化エネルギーを必要とする。したがって、燃焼はその反応を進めるために、より大きな活性化エネルギーを必要とする。しかし、生体内でそのような大きなエネルギーを一度に投入するのは困難である。

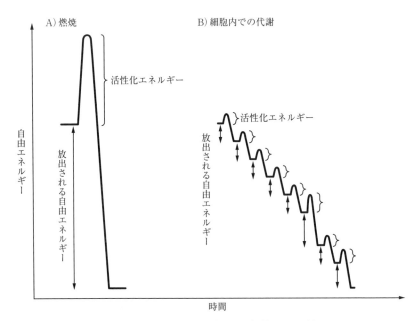

図9-2 燃焼と細胞内での代謝との比較
（細胞の分子生物学（第6版）より改変）
A）燃焼では、高い活性化エネルギーが必要である。また、一度に放出されるエネルギーも大きい。
B）細胞内の代謝では、各反応に必要な活性化エネルギーが小さく、一度に放出されるエネルギーも小さい。

また，生体内では，取り出したエネルギーを効率よく ATP などの他の分子に移し換える必要がある。しかし，1 つの ATP が運搬できるエネルギーは小さい。よって，グルコースから取り出すエネルギーも小分けにして，ATP 等の分子に移す必要がある。その点，代謝経路が複数の反応に分かれていることは効率が良い。たとえば，解糖系では 1 つのグルコース分子から 4 分子の ATP と 2 分子の NADH にエネルギーを移し換える反応を行う。これらの移し換えは異なる酵素反応時に行っており，一度に大きなエネルギーを取り出すことはない。燃焼のような多くのエネルギーが一度に放出されると，生物がそれらを効率よく捕獲して，ATP 等に移し換えることは困難である。実際には，燃焼の場合，取り出したエネルギーは熱になってしまう。代謝においても，熱となったエネルギーをためておくことはできないので，化学反応ごとに少しずつ熱としてエネルギーを消費している。

3．あらゆる代謝経路はつながっている

　細胞内では，さまざまな代謝経路が混在している。たとえば，大腸菌では主なもので 60 以上もの代謝経路が知られている。これらの代謝経路を模式的に示すと，複雑なネットワークのような形状になる（図9-3）。これは，ある経路の最終生成物や代謝中間体が，別の代謝経路の基質となるということが，細胞内で一般的に生じていることを示している。この図では，ATP などのきわめて普遍的に利用されている分子を記述していないため，簡略化した図になっているにもかかわらず，網目のような複雑な構造になっている。

　このようなネットワーク形態をとる構造の特徴として，障害や変化に強いことがあげられる。たとえば，個々の生成物の代謝経路がお互いに全く関連していなければ，ある部分が 1 つでも壊れてしまうと，必要な

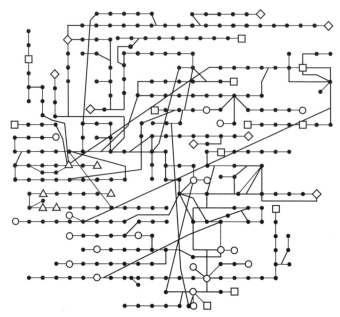

図 9-3　大腸菌のおもな代謝経路
大腸菌で生合成される主な分子の代謝経路を線図で示した。アミノ酸（○），ビタミンBなどの補酵素（□），核酸（△），糖や脂質など（◇）。代謝の基質や中間体の分子（●）は，酵素が触媒する化学反応（─）でつながっており，細胞内で起こる化学反応のネットワーク構造が見える。

分子を合成できなくなってしまう。あるいは，ある特定の分子を環境中から得られなければ，そこで細胞の活動が停止してしまう。しかし，このようにネットワークを形成していれば，異なる経路を利用することによって，致命的な問題を避けられる可能性が高い（図 9-4）。ネットワークといっても，一部に機能が集中したようなものは，そこが壊れてしまうと弱い。しかし，代謝経路のネットワークは，ほどよく分散され，個々の代謝経路の独立性は保たれており，他の経路からの干渉をある程

度抑えることができる。

このように生物の持つ代謝経路は，エネルギー利用の効率がよく，障害や変化には強い。しかし，負の側面もある。それは，多数の種類の酵素を必要とする点にある。大腸菌の場合，既知の主要な代謝経路に関わる酵素だけでも 800 を越える種類を必要とする。そのため多数の酵素の合成や制御といった，負荷もかかることになる。

4．細胞内の分子の混雑度

実際の細胞では，先に示した代謝経路ネットワークの全ての反応が同時に起こるようなことはない。しかし，細胞の増殖あるいは活動時に

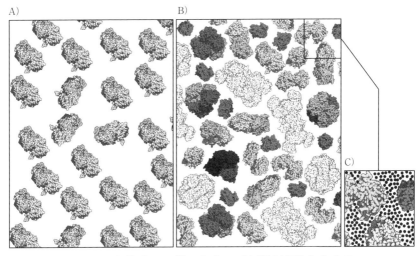

図 9-4　細胞内には様々なタンパク質が多数存在する
A）試験管内での生化学実験では，単一なタンパク質であり，濃度も高い。
B）細胞内では，同じ種類のタンパク質は少ないが，タンパク質全体でみると細胞内にぎっしり詰まっている。
C）水分子（●）を示す。アミノ酸や ATP などもこのようにタンパク質間に多数存在する。

は，相当数の代謝経路がはたらいていると考えられる．さらに，DNAの複製や転写，翻訳（第3章-第6章），あるいは細胞内のシグナル伝達（第11章）など，代謝に関わる酵素だけではなく，その他のさまざまなタンパク質や分子が細胞内に存在する．ヒトの細胞では，1つの細胞にあっても，5千から1万5千種類のタンパク質がはたらいていると予想される（転写されたメッセンジャーRNAの種類数から推定）．さらに，これらのタンパク質は，各々，1細胞中に複数個存在する．そして，その多くは細胞質にある．したがって，細胞の中身を実際に見てみると，タンパク質やRNA分子が高濃度に溶けた状態になっており（ただし，1種類のタンパク質の濃度は薄い）（図9-4 B)），水分子はそれらの分子の隙間を埋めるように存在する（図9-4 C)）．通常の細胞の図を見ると，細胞小器官などの構造については記されているが，それ以外の細胞質基質部位には何も入っていないように描かれている．これは見えないタンパク質が描かれていないだけである．

細胞内では小さな分子は高速で移動している

このような混雑した状態で，代謝経路にそった酵素反応はどのように起こっているのだろうか．酵素は極めて特異的で，特定の基質に対してのみ作用する．細胞内の他の分子の反応に関わる触媒として機能することはない．したがって，細胞内のような多数種の分子が混在する状況でも，結局は，酵素と基質が出会うことが，基質から生成物が得られるかどうかを決める．解糖系なら，まずはグルコースとヘキソキナーゼが出会うことである．

細胞内で酵素等が基質となる小さな分子と出会うためには，何ら特別な仕掛けを必要としない．細胞内の小さな分子は，高速で規則性を持たずに動き回っている．規則性を持たない理由は，他の分子とぶつかることによって移動の方向が変化するためである．そのような障害物のある

状況であっても，グルコース程度の小さな分子は，0.001秒の間に1 μm も移動する。分子の大きさは1 nm 足らずなので，0.001秒で分子自身の大きさの1000倍以上の距離を移動することになる。したがって，短時間に大量の異なる分子とすれ違うことになる。一方，タンパク質のような比較的大きな分子はそれら小さな分子から見るとほとんど止まっている状態に近い。特に細胞内では，大きな分子同士はお互いが移動の妨げとなる。さらに，真核細胞の細胞骨格なども障害物となり，それをすり抜けられる小さな分子と比較すると，混雑している影響をより強く受ける。このように，狭い空間でのナノサイズの分子の反応は，私たちの目にする世界とは少し異なる状態になっていることに留意する必要がある。

　分子が動き回り，酵素とその基質がそれなりの濃度で細胞内に存在すれば，酵素反応が進む。ただし，仮に細胞という仕切りを外してしまうと，酵素や基質は拡散してしまい，どれだけ早く動いても生命現象となるような効率的な化学反応は起こらない。閉じた系に必要な量の基質と酵素が存在し，小さな分子が高速に動き回り，各酵素が特定の分子のみを基質とし，あたかも代謝経路というものがあるかのように反応が制御されているところが，細胞内での代謝の特徴である。

5．代謝の制御

　細胞内に酵素と基質があれば，代謝が起こる。これが細胞内の基本的な仕組みである。しかし，これだけでは，細胞は生きてはいけない。代謝の正確な制御が必要である。制御されなければ，ある特定の効率が良い酵素ばかりがはたらいて，必要のない生成物ばかりを作り出すという状況が起こる。たとえば，ATPばかり合成しても，必要な分子は合成できない。このような代謝の制御の仕組みを見ていこう。

細胞小器官と化学反応

　細胞内での代謝を効率よく行うために，細胞小器官の存在は重要である。真核細胞は比較的大型なので，細胞小器官という異なる環境を利用して，代謝の効率をあげている。たとえば，エンドサイトーシスによって，外部から取り込んだものを包み込む小胞には，細胞内部のリソソーム等が融合して，取り込んだものを分解する。このリソソームには，タンパク質や脂質などを分解する酵素が入っている。このような酵素が細胞質中にあっては，細胞自体が内部から分解されてしまうので，区別しておくことは理にかなっている。また，リソソームの酵素は，酸性環境下で効率よく機能する酵素であり，リソソーム内も酸性に維持されている。

　また，ミトコンドリアや葉緑体も，第8章で見たように，膜で区別された2つの空間のプロトン（H^+）の濃度差を利用して，ATPの合成を行っている。これも細胞小器官を利用した効果的な反応の1つである。

遺伝子発現による調節

　細胞は，遺伝子の発現を調節することによっても，代謝を調節している。この場合，遺伝子からの転写と翻訳を伴うため，調節には真核細胞なら数時間程度の時間が必要である。出芽酵母を例に見てみよう。出芽酵母を栄養となるグルコースが十分ある条件で培養すると，グルコースを栄養源として増殖する。その際，酵母ではグルコースから最終的にエタノールが生成される。この条件で培養を継続すると，やがてグルコースが枯渇する。そうすると出芽酵母は，今度は自らが生成したエタノールを栄養源として利用する（図9-5）。これらの化学反応のことを前者を発酵と呼び，後者を呼吸という（一般的な発酵や呼吸とは意味が異なる）。

　この2つの状態において，出芽酵母の遺伝子の転写産物の量を比較し

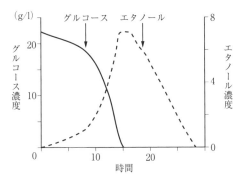

図 9-5　出芽酵母の好気的環境での炭素源の利用
出芽酵母は，グルコースを利用して，発酵によりエネルギーを作り出す。グルコースがほぼ無くなってから，エタノールを利用して，呼吸によりエネルギーを作るようになる。Otterstedt et al. EMBO reports (2004) より

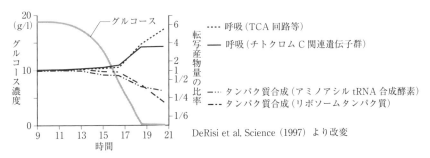

図 9-6　出芽酵母の炭素源の変化に伴う，発酵から呼吸への変化
この実験では9時間培養後に，グルコースの供給を停止して，実験を行っている。グルコース量が減るに連れて，呼吸に関わる遺伝子の転写産物の量が増える。一方，エタノールを炭素源と利用している状態では，出芽酵母は細胞分裂をあまり行わない。その結果，タンパク質合成に関わる遺伝子の転写が抑制される。これらの遺伝子発現の変化には，2～4時間かかる。（図 9-5 とは別の実験）

たところ，発酵時は，グルコースを分解して ATP を合成する，解糖系の酵素の転写産物の量がいずれも多かった。呼吸時は，逆に解糖系の酵素や細胞の増殖や成長に関わるタンパク質の転写産物の量は減少し，エ

タノールを別の分子に変換する代謝経路や，その変換された分子を利用する代謝経路を構成する酵素の転写産物の量が増加した（図 9-6）。このように出芽酵母では，遺伝子の転写を切り替えることによって，発酵から呼吸へとその主たる代謝の反応を切り替えている。

酵素活性の制御による調節

上に示した転写による調節では，切り替えに時間がかかってしまう。また，元からある代謝経路をすぐに停止することはできない。したがって，より短時間で代謝を制御するために，細胞は代謝経路の酵素活性を直接制御する方法を有している。その中に負のフィードバック（あるいはフィードバック阻害）という制御がある（図 9-7）。これは，その代謝経路の生成物や代謝中間体が，代謝経路を担っている特定の酵素の活性を抑制することによって，最終的な生成物の産生を抑制するしくみである。解糖系の場合，ATP が特定の酵素活性を抑制する。細胞は ATP がたくさんあれば，ATP を作る必要がない。したがって，ATP が十分量あると，解糖系に負のフィードバックがはたらき，不要な ATP の合成を防ぐ（図 9-7）。この負のフィードバックは，酵素の制御に留まら

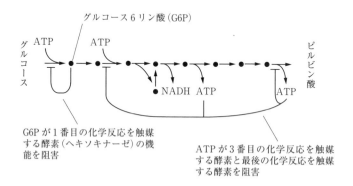

図 9-7　解糖系を制御する負のフィードバック

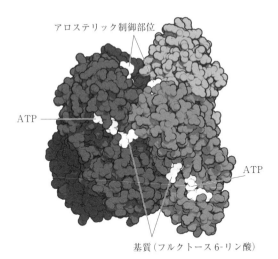

図 9-8　フルクトース-6-リン酸キナーゼ（4量体）の立体構造
　ADP がアロステリック制御部位に結合して，酵素は活性化される。中央左と右下に酵素の活性中心があり，アロステリック制御部位とは異なる。活性中心の ATP は酵素反応により ADP に変換される。

ず，様々な細胞機能の制御で利用されている。

　では，ATP のような分子がどのように酵素反応を抑制するのだろうか。このような分子による酵素反応を制御する仕組みの1つに，アロステリック制御がある（図 9-8）。アロステリック制御とは，ある特定の分子が酵素の活性部位以外に結合して，酵素の活性を抑制，あるいは促進することをいう。たとえば，解糖系では，細胞内に ATP が十分量あるときに，3 番目の化学反応を触媒するフルクトース-6-リン酸キナーゼという酵素の触媒反応が ATP によって阻害される。この酵素は，ある部分に ATP が結合すると立体構造が変化し，触媒反応が阻害される。その結果，フルクトース-6-リン酸キナーゼを触媒とする生成物が合成されず，これ以降の酵素には基質が供給されなくなり，代謝経路が

途中で停止した状態になる。また，フルクトース-6-リン酸キナーゼより前の経路も，各々の酵素の生成物が蓄積されることにより，酵素反応の速度が低下する。このように，解糖系は，ATPによるアロステリック制御を負のフィードバックに利用して，代謝経路の活性を制御している。

　以上のように，細胞内の代謝制御には，空間的な制御と，時間的な制御が存在し，時間的な制御の中にも，遺伝子発現がかかわるものから，酵素反応を直接制御するものまで，複数の仕組みを備えている。

個体レベルの代謝の制御

　代謝は細胞や個体の恒常性の維持に重要な役割を担っている。動物の多くは摂取できる栄養の量が決まっていないため，余分がある時は貯蔵し，飢餓状態の時は貯蔵した栄養を利用する必要がある。ヒトのグルコースあるいは栄養状態の恒常性を通して，代謝と個体の恒常性の維持の関係を見ていこう。

　ヒトの場合，通常，血流のグルコース濃度は一定量に保たれており，細胞は血流からグルコースを内部に取り込んで分解し，ATPを合成する。一方で，食事により摂取したグルコースは腸で吸収され，血流中に分泌される。この時血液中のグルコースの増加を感じ，他の細胞に知らせる役割を担うのが膵臓のβ細胞である。β細胞は血液中の糖を取り込み，ATPを合成する。ATPの量が増えると細胞内に変化が生じ，あらかじめ保持していたインスリンを血液中に分泌する。インスリンは骨格筋や脂肪組織の細胞に作用し，それらにグルコースの取り込みを促す。その結果，血液中のグルコースは，食後速やかに適切な濃度に低下する。血液中のグルコースの濃度が高い状態は高血糖の状態であり，その状態が続くと様々な疾病を引き起こす原因となる。よって，β細胞のは

たらきは個体の恒常性の維持に重要である。これら取り込んだ糖は，骨格筋ではグリコーゲン（糖が連なった多糖），脂肪組織では中性脂肪として貯蔵される。肝臓でも同様にグリコーゲンとして貯蔵される。

　一方，食事と食事の間は外部からグルコースは供給されない。したがって，肝臓に貯蔵されているグリコーゲンをグルコースに転換し，血液中に分泌することによって，血液中のグルコースの濃度が維持される。これだけでは栄養が不足する場合，必要に応じて脂肪組織の中性脂肪が分解されて，脂肪酸として血液中に分泌される。

　これらの分泌された糖や脂質では，栄養が不足する場合がある，その場合，自身で栄養を貯蔵できない細胞では栄養が足りず，細胞内のATP量が不足することになる。ATPの不足は細胞にとって緊急事態である。この状況で活性化されるタンパク質の1つにAMP活性化キナーゼがある。ATPの不足によって活性化されるAMP活性化キナーゼは，他のタンパク質を介して細胞のオートファジー（自食作用）を活性化する。オートファジーは細胞の内部のタンパク質や細胞小器官を分解して，再利用することによって栄養不足を補うしくみであり（第11章参照），細胞は活動し続けることができる。このオートファジーのしくみを解明した大隅良典博士は2016年にノーベル賞を受賞されている。

参考文献

D・サダヴァら（著）丸山敬，石崎泰樹（監訳）『カラー図解 アメリカ版 大学生物学の教科書 第1巻 細胞生物学』講談社，2010

中村桂子，松原謙一（監訳）『Essential 細胞生物学 原書第4版』南江堂，2016

中村桂子，松原謙一（監訳）『細胞の分子生物学 第6版』ニュートンプレス，2017

Trudy McKee, James R. McKee（著），市川厚（監），福岡伸一（監訳）『マッキー生化学（第6版）：分子から解き明かす生命』化学同人，2018

10 | 細胞分裂と細胞周期

二河　成男

《**目標&ポイント**》　細胞の分裂は正確に制御される必要がある。真核細胞なら，染色体複製，核膜の消失，染色体の分配，核膜の再形成，細胞質分裂といった，一連の事象が，正確にかつ順序だって起こるように制御されている。この章では細胞分裂を細胞レベルで概観し，その制御の仕組みを分子レベルから示す。
《**キーワード**》　細胞分裂，細胞周期，サイクリン，チェックポイント

1．細胞の増殖と細胞分裂

　ヒトの体内では，成人であっても様々な細胞が活発に増殖している。増殖している細胞は放射線への感受性が高いことが知られており，このことからどのような細胞が活発に分裂しているかが分かる。ヒトの場合，骨髄で産生される白血球などの免疫系細胞や，小腸などの消化管の内壁などが，放射線への感受性が高いことが知られている。これらの組織では，日々新しい細胞が増殖し，古い細胞と置き換わっている。骨髄では赤血球や白血球が毎秒400万個，小腸内壁の上皮細胞も毎秒20万個程度の細胞が新たに増殖して，古い細胞と置き換わっているという推測もある。これらの細胞以外でも，さまざまな組織で細胞が増殖し，置き換わっている。

　細胞の増殖は，細胞分裂によって行われる。分裂という言葉は，元々は1つのものが，複数に分かれることを意味する。細胞分裂の場合は，

1回の分裂で，1つの細胞が2つに分かれる。そして，分裂した後にできる新たな細胞（娘細胞）にも，分裂前の元の細胞（親細胞）と同じ遺伝情報と，分裂後に細胞としての機能を担うための細胞小器官やタンパク質等を有する必要がある。そのためには，ただ文字通り2つに分裂するのではなく，2つの娘細胞に細胞として機能するために必要な資源や情報を，過不足なく配分しなければならない。

したがって，細胞は分裂に際して極めて周到な準備をしている。そして，その準備の完了を確認して，細胞分裂が開始する。特にDNAは細胞に必要な量しか備わっていないので，新たな細胞に分配するためには，分裂前の正確なDNA複製とその完了の確認が必要である。事実，さまざまな実験から，細胞はその制御に巧妙な仕組みを備えていることが明らかになっている。これらの制御についても，本章の後半部分で解説する。

2. 体細胞分裂

ヒトなどの真核細胞では，2種類の細胞分裂の機構が存在する。1つは，体細胞分裂と呼ばれ，多くの細胞で見られる一般的な分裂である。分裂後に生じる娘細胞は，元の親細胞と同じ遺伝情報をもっているため，基本的に元の細胞と同じコピーの細胞を作り出す分裂である。もう1つは，減数分裂と呼ばれ，精子や卵子といった配偶子を形成するための特別な分裂である。減数分裂では，遺伝情報が親細胞の半分になる。そして，受精時に，同様に半分になっている配偶子と融合して，元の親細胞と同じ遺伝情報の量に回復する。

まずは，体細胞分裂において，細胞の分裂がどう進行していくかを，見ていこう（図10-1）。細胞分裂は，細胞核の分裂時期とその後の細胞質分裂に分けることができる。細胞核の分裂は，はじめに，核の中の

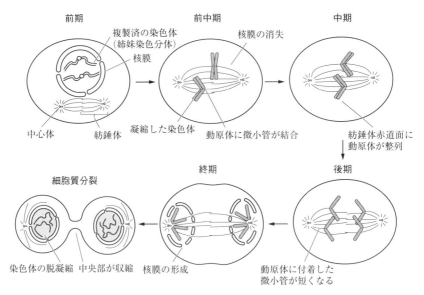

図 10-1　分裂期の細胞

DNA の複製が行われる。DNA 複製が完了すると，DNA は凝縮して，顕微鏡でも観察可能な典型的な染色体の構造を示すようになる。この頃には核膜が消失する（前期〜前中期）。

　DNA 複製が完了し凝縮した後の染色体は，分裂期染色体ともいい，同じ遺伝情報を持つ姉妹染色分体が，動原体という構造部で接着した状態である。そして，中心体から伸びた紡錘体を形成する微小管が動原体と結合する。その結果，それぞれの分裂期染色体の姉妹染色分体には，異なる中心体から伸びた微小管が付着し，それぞれの中心体の方向に引っ張られる状態になる（前中期〜中期）。双方から引っ張られることにより，染色体は細胞の中央部（赤道面）に配置される。この中央部への配置がすべての染色体で完了すると，動原体部位で接着していた染色分体が一斉に分かれ，染色体の分配が完了する（中期〜終期）。

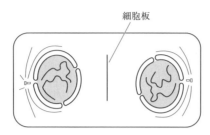

図 10-2　陸上植物では中央部に細胞板が形成され細胞質分裂が起こる

　染色体が分配されると，核膜が再び形成され（終期〜細胞質分裂），その後，染色体が脱凝縮して，通常の核の形態に戻る（図 10-1）。さらには，細胞の中央がくびれて，2つの細胞に分かれる細胞質分裂が行われ，細胞の分裂は完了する。植物細胞では，細胞質分裂時に，敷居のように細胞板が構築され2つの細胞に分かれる（図 10-2）。細胞核以外の構造の多くは，細胞内に多数存在するので，細胞質が半分に分かれれば，必要な量が分配される。

3．減数分裂

　もう一方の分裂機構である，減数分裂についても紹介しておこう（図 10-3）。これは，配偶子となる細胞を作り出す分裂で，体細胞分裂と同様に，まず DNA の複製が行われる。その後，DNA は凝縮して，分裂期染色体と同じ構造になる。そして，相同染色体同士（たとえば，第1染色体同士）が対合する。ここが体細胞分裂との違いである。そして，対合した同じ種類の染色体間で染色体の乗り換えが起こり，部分的に染色体が置き換わる。その後，相同染色体は新たな細胞への分配が行われ，細胞核の分裂，細胞質の分裂の順に分裂は進行する。これを減数分裂の第一分裂という。ただし，体細胞分裂との違いは，対合していた相

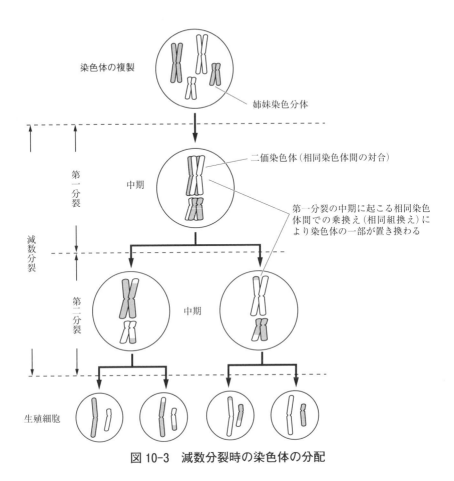

図 10-3　減数分裂時の染色体の分配

同染色体が対合を解き，新たな細胞へと分配される点である．つまり，減数分裂の第一分裂を終えた時点では姉妹染色分体間の結合は維持されたままである．よって，ヒトなら第一分裂直後の細胞には姉妹染色分体を保った23の染色体が分配される．この状態は長く続かず，すぐに次の分裂（第二分裂）が始まる．今度は，DNAの複製は行われない．そ

して，体細胞分裂と同様の分裂が起こり，染色分体間の接着が外れ，染色体が分配される。このような形で染色体の分配が行われることにより，減数分裂によって生じた細胞は，ヒトなら23本の染色体をもつこととなる。

　減数分裂では，細胞が2度分裂する間に，DNAの複製は一度だけなので，このように染色体数が半減する。そうすると，第2分裂後には，配偶子細胞は4つできることになる。ただし，ヒトやその他の動物の場合，精子は4つできるが，卵子は実際には1つしかできない。卵子形成の際は，細胞質が等しく娘細胞に分配されるような細胞分裂は起こらず，非対称分裂により細胞質が不均等に分配される（第12章参照）。卵子の形成時の非対称分裂は，特にその非対称性が顕著であり，一方の娘細胞に細胞内の資源が集約される。もう一方は極体と呼ばれ，細胞としての機能を持たない。ただし，卵子も，遺伝情報は精子と同様に，染色体23本分である。そのため，細胞分裂時に染色体だけは，極体側にも等分に分配される。そして，精子と卵子は，これ以上は分裂しない。ある意味，終着点である。そして，精子と卵子が出会って，細胞が融合することによって（受精），新たな体細胞となり，この後は通常の体細胞分裂によって増殖する。

4．細胞周期

　真核細胞は，体細胞分裂を繰り返し増殖していく。細胞を観察していると既に説明したように染色体の複製，分配，細胞質の分裂によって細胞分裂が進んでいくようにみえる。このような変化も，やはり，今まで見てきたように分子によって制御されている。このことを詳しく見ていこう。

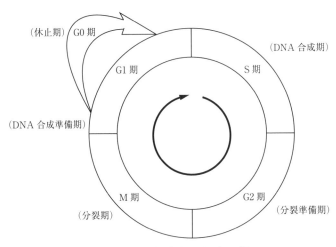

図 10-4　真核生物の細胞周期

　分裂から次の分裂までの 1 周期を細胞周期という。細胞周期は，4 つの時期に分けられる（図 10-4）。それぞれ，G1 期，S 期，G2 期，M 期，という。これらは細胞の見た目だけでなく，制御に関わる分子も異なっており，明確に区別することができる。通常 G1 期を始まりと考えるが，まずは細胞分裂が起こる M 期から説明する。

　先に示した，核の分裂と細胞質の分裂が見られる時期は，M 期（分裂期ともいう）に相当する。そして，M 期から G1 期に切り替わった直後の細胞（分裂後の細胞）は，通常，すぐに次の分裂を行うための十分な資源を細胞内に保持していない。よって，分裂後に，細胞自体の成長や，分裂により減少した分子や構造の回復を行う時期が存在する。この時期を G1 期（DNA 合成準備期）と呼ばれ，代謝も活発に行われる。G1 期を終えると，細胞は DNA 複製が行われる S 期（DNA 合成期）に入る。DNA の複製の完了によって S 期は終了し，次の時期に進む。通常の細胞は，DNA の複製が完了してもすぐには分裂することはない。

このS期とM期の間の時期をG2期（分裂準備期）という。G2期の間に細胞は成長し，分裂に備えた準備を行う。そして，M期に入って，最終的に細胞の分裂が起こる。

　細胞周期の1周期の時間や，各時期の開始から終了までの時間は，細胞の種類ごとに大きく異なる。ただし，同一の条件下では，同じ種類の細胞間で比較するとその時間はおおよそ一定である。たとえば，カエルの受精卵が細胞分裂を始めた初期は4つの時期のうちG1とG2期が欠けており，1周期が30分程度と短い。ヒトのある人工的に培養されている細胞では，1周期はおよそ20時間，各期の時間は，M期は0.7時間，G1期は8時間，S期は9時間，G2期は2時間である。ただし，すべての細胞がこのように連続的に細胞分裂し続けるわけではない。一時的に，あるいは恒久的に分裂を停止した細胞では，S期に進んでDNAの複製は行われることはなく，G1期の段階で細胞周期は停止している（細胞の機能は停止していない）。このような細胞周期がG1期で停止している場合をG0期（休止期）といい，連続的に分裂している細胞のG1期とは区別する（図10-4）。

5．細胞周期の制御系

　1970-1980年にかけて，細胞周期の制御には，2種類のタンパク質が関与していることが分かり，その遺伝子や性質が明らかにされた（図10-6）。1つは，サイクリン依存性キナーゼというタンパク質で，出芽酵母や分裂酵母を用いた遺伝学的な解析からその機能が明らかとなった。さらに，あらゆる真核生物が同等の機能を有するタンパク質の遺伝子をもつことも分かった。もう1つはサイクリンというタンパク質で，ウニなどを用いた初期胚におけるタンパク質合成の研究から，細胞分裂のある特定時期に合成，分解されるタンパク質として同定された。サイ

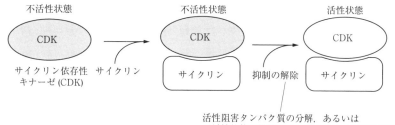

図 10-5　サイクリン依存性キナーゼの活性化にはサイクリンとの結合が必須

クリンも真核生物全般に同等の機能を有するタンパク質の遺伝子がゲノム中に存在する．これらの発見への貢献により，リーランド・ハートウェル，ポール・ナース，ティム・ハントは2001年にノーベル賞を受賞した．

　サイクリン依存性キナーゼは，タンパク質のアミノ酸のうち，セリンあるいはトレオニンにリン酸を付加するタンパク質リン酸化（キナーゼ）活性をもつ．基質特異性が高く，特定のタンパク質の特定のアミノ酸にリン酸を付加する．リン酸を付加されたタンパク質は，多くの場合，それまでは不活性型であったものが，活性型に変化し，その機能を発揮するようになる（第11章参照）．このようなタンパク質リン酸化活性をもつタンパク質は多数あるが，サイクリン依存性キナーゼは，後述するサイクリンというタンパク質によって自身の活性と非活性の状態が制御されるという特徴を有している（図10-5）．

　もう1つの因子であるサイクリンは，サイクリン依存性キナーゼの活性を制御する．サイクリン自体は酵素活性をもたず，先のサイクリン依存性キナーゼと結合することによってサイクリン依存性キナーゼを活性型に変換し，かい離することによってそれを不活性型に変換する．つまり，サイクリン依存性キナーゼの分子スイッチとしての役割を担ってい

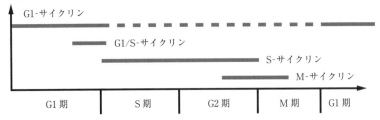

図 10-6　各サイクリンが細胞周期の制御に関わる時期
実線はタンパク質が細胞内に存在する時期を示す。
G1-サイクリンは G1 期以外でも発現が見られるが，機能は明確ではない。

る（図 10-5）。

　これらの 2 つのタンパク質は，多くの生物種で複数種類の遺伝子をゲノム中に保持している。出芽酵母では，サイクリン依存性キナーゼは 5 種類だが，サイクリンは 20 種類以上存在する。ヒトの場合はさらに多い。ただし，この中で細胞周期の制御に関わるサイクリンは大きく 4 つのグループに分けることができる（図 10-6）。

　4 つのグループとは，G1-サイクリン，G1/S-サイクリン，S-サイクリン，M-サイクリンである。各グループに属するサイクリンは，細胞周期のある特定の時期にはたらく。そして，役割を終えるとサイクリンは分解される。一方，サイクリン依存性キナーゼは恒常的に発現しており，細胞周期の時期によらず一定の濃度に保たれている。ただし，サイクリンと結合していなければ，その機能を発揮することはできない。

　以下にグループごとに，細胞周期で担う役割を示す（図 10-6）。

　1. G1-サイクリンは，G1 期において細胞外からの刺激やシグナル，あるいは細胞内からのシグナルによって転写が促進され，タンパク質が合成され，やがて細胞内での濃度が高まる。この結果，サイクリン依存性キナーゼが活性型となり，細胞周期を G1 期にとどめるタンパク質の

活性を抑制する。その結果，細胞は，細胞分裂に向けて細胞周期を進めていく。ヒトではサイクリンDがG1-サイクリンの機能を担っており，細胞の増殖を制御する重要な役割を担っている。

2．G1/S-サイクリンはG1期の終わりに，G1-サイクリンのはたらきによって遺伝子発現が促進される。その結果，細胞内での濃度が高まり，サイクリン依存性キナーゼと結合し，活性化する。活性化されたサイクリン依存性キナーゼによって，細胞はG1期からS期に移行する。G1/S-サイクリン自体は，S期になると分解され細胞内での濃度が急速に低下する。

3．S-サイクリンはG1期からS期への移行の時期に，合成が開始される。そして，S-サイクリンによって活性化されたサイクリン依存性キナーゼは，DNAの複製を促す。S-サイクリンはG2期も高濃度に保たれているが，M期はじめに，急速にその濃度が低下する。

4．M-サイクリンは，G2期から合成が開始される。そして，サイクリン依存性キナーゼを活性化して，細胞の分裂を開始させる。そして，細胞核が分裂するM期の後半に急速にその濃度が低下する。

このように，この4つのグループのサイクリンは発現時期が異なっており，不要になるとすみやかに分解される。この変化がサイクリン依存性キナーゼの活性を正確に制御して，細胞周期を生み出している。実際の細胞では，他のさまざまなタンパク質がサイクリン-サイクリン依存性キナーゼの複合体に作用することによって，厳密に細胞周期が管理されている。

6．細胞周期の制御点

細胞周期は，G1-サイクリンの発現を皮切りに，段階を踏んで進んでいく。一方，各段階で細胞分裂に向けての準備が整っていない場合は，

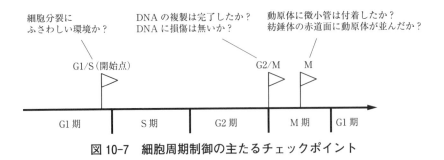

図 10-7　細胞周期制御の主たるチェックポイント

　細胞周期の進行を遅らせる仕組みを細胞は備えている。この細胞周期の確認を行うタイミングは決まっている。その主な制御点は以下に示す3カ所である（図10-7）。

　最初の制御点は，G1 期の終わりにある。G1/S チェックポイントといい，細胞分裂を開始するか，遅らせるか，あるいは G0 期に入るかが決定される。細胞外のシグナルに影響を受けるため，細胞分裂にふさわしい環境であるかどうかも判断されている。分子機構としては，サイクリン依存性キナーゼを阻害するタンパク質の発現により，次の段階への移行が抑制される。そのため，阻害タンパク質の分解と G1/S-サイクリンの発現によって，細胞はこの制御点を通過する（図 10-5 参照）。

　次は，G2 期と M 期の間にある。これは G2/M チェックポイントと呼ばれ，DNA の複製が完了しているか，DNA に損傷がないかを確認する。DNA 複製が完了していない部分や損傷部分がある場合は，複製や損傷の修復が完了するまで，細胞周期の進行は遅延される。この制御点を通過するには M-サイクリン-サイクリン依存性キナーゼ複合体形成とその活性化が必要である。多くの細胞では M-サイクリンは既に必要な量が存在するが，DNA に未複製部位や損傷部位がある間は，サイクリン依存性キナーゼがリン酸化により不活性の状態に維持される（図

10-5 参照)。複製や修復が完了すると，この不活性化に関わるリン酸を取り除く脱リン酸化酵素がはたらいて，M-サイクリン-サイクリン依存性キナーゼ複合体は活性化され，細胞はこの制御点を通過する。

　3つ目は，M期チェックポイントといい，細胞分裂の中期から後期へ移行する時である（図 10-1 参照）。この時期は，染色体の動原体が中央に並び，染色体の分配が起こる直前である。中心体から伸びた微小管（紡錘体の紡錘糸）に染色体の動原体が付着していること，細胞の中央（紡錘体の赤道面）に染色体の動原体が並んでいることを確認する。これらの準備が整うまで，次の段階への細胞周期の移行は見送られる。準備が整うと，セパラーゼというタンパク質が活性化されて，動原体で姉妹染色分体を結びつけているタンパク質を切断することによって，染色分体が離れ，染色体の分配が終了する。

7. 細胞分裂の抑制

　細胞周期の制御の多くは，正確な細胞分裂を行うための機構である。一方，多細胞生物においては，細胞の分裂自体を抑制する制御も必要である。この抑制の制御が機能不全を起こした細胞の1つが，がん細胞である。がん細胞の特徴の1つは，分裂を停止すべき，あるいは細胞死すべき細胞が，分裂により増殖し続けることにある。がん細胞の遺伝情報と正常の細胞の遺伝情報を比較すると，異なる組織由来のがん細胞であっても，共通の遺伝子に突然変異が生じていることが分かってきた。その1つにがん抑制遺伝子と呼ばれる一群の遺伝子が存在する。これらのタンパク質の正常細胞での機能は，細胞分裂の抑制である。がん抑制遺伝子の1つである p53 の場合，DNA 損傷，過剰な増殖シグナルなどのストレスが細胞に生じた時に，遺伝子発現が起こり，細胞周期の停止，細胞の老化や細胞死を引き起こす（図 10-8）。細胞周期との関連でみる

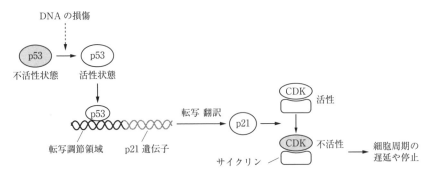

図 10-8　p53 タンパク質による細胞周期の制御

と，p53 は，DNA の損傷により活性化され，p21 というタンパク質の遺伝子発現を促進する。p21 は，種々のサイクリン-サイクリン依存性キナーゼ複合体に結合して，その機能を阻害することによって細胞周期を停止する。しかし p53 遺伝子に突然変異が生じ，機能をもつタンパク質が合成できなくなると，p21 を介した細胞分裂の抑制機構が失われ，異常な細胞の増殖が生じる。このような細胞分裂の抑制に関わるタンパク質は，ヒトの場合，複数存在しており，これらの遺伝子の変異が，細胞のがん化の可能性を高める。

参考文献

D・サダヴァら（著）石崎泰樹，丸山敬（監訳）『カラー図解　アメリカ版　大学生物学の教科書　第 2 巻　分子遺伝学』講談社，2010

中村桂子，松原謙一（監訳）『Essential 細胞生物学　原書第 4 版』南江堂，2016

中村桂子，松原謙一（監訳）『細胞の分子生物学　第 6 版』ニュートンプレス，2017

11 | 細胞のシグナル伝達

二河　成男

《**目標＆ポイント**》　生命の特徴の1つに外部の環境に応じて変化するという現象がある。そのためには外部の環境を感じるセンサーとセンサーが受け取った情報を個体内部の必要な部分に伝達する仕組みが必要である。ヒトなら，目，鼻，耳，舌，皮膚などがセンサーとしての機能をもち，神経細胞を通して，中枢神経系に情報が伝達される。これは何も，個体レベルに限ったことではない。個体を形成する個々の細胞であっても，仕組みは異なるが，細胞外の環境を感じるセンサーをもち，センサーが受け取ったシグナル（信号，合図）を細胞内部の必要な部分に伝達する。この章では，細胞が外部の刺激やシグナルを取得し，細胞内へ伝達する仕組みについて，その分子基盤を紹介する。

《**キーワード**》　シグナル分子，受容体，タンパク質リン酸化，Gタンパク質，シグナル伝達経路

1. 環境応答と細胞のはたらき

　生物は外部の環境中から，さまざまな信号や合図を取り出して利用している。このことを環境応答と言う。たとえば，私たちの心臓は健康であれば，規則正しく拍動している。この1回1回の拍動にはそのリズムを刻むペースメーカーとなる細胞群があるとされている。そのペースメーカー細胞は複数の細胞内外の情報を統合して，心拍数を決めている。ヒトでは安静な状態では，一定の速度で心拍が生じる。一方，からだを動かしたり，何か驚くようなことがあったりすると，その刺激により心

拍数は上昇する。また、ストレスなどを受けると、副腎からホルモンが分泌され、その結果心拍数は上昇する。

　このような外部刺激によって器官のはたらきが制御される現象は、ヒトに限らず様々な生物に見られる。そのしくみを調べると、器官のはたらきは個々の細胞によって制御されることが分かる。心拍の場合、外部からの刺激（驚かされる）、内部のはたらき（運動する、安静にする）等が、中枢神経系や内分泌系によって情報に変換され、それが応答すべき心臓のペースメーカーとなる細胞に伝達される。その情報からペースメーカー細胞が適切な心拍の速度を定め、それが他の心臓の細胞に伝達され心拍が調節される。また、酵母などの個体が1つの細胞からなる生物では、これらを1つの細胞で行うことになる。

2. 細胞における情報の伝達

　細胞における情報の伝達は大きく2つに分けることができる。一つは細胞の外部から内部へと伝達される情報である。そして、もう一つは細胞内部での情報の伝達である。細胞の外からきた情報を伝えるものもあれば、細胞のある領域で生じたことを別の場所に伝えるものもある。より広義には、遺伝情報自体も細胞における情報伝達と言えるが、ここではより短い時間で起こる情報伝達を取り扱う。このような短い時間の情報伝達は、一般的にシグナル伝達と言う。シグナルを日本語で表現すると信号に相当する。よって、シグナル伝達といった時は、進めか止まれかの情報とそれらの時間的な長さという極めて単純な情報の伝達を指すと考えればよいであろう。

　上で示したヒトの心臓にあるペースメーカーとなる細胞でも、大きく分けると2つの種類の情報の伝達を行っている。1つは、細胞の外部に由来する情報の受容である。主に神経系や内分泌系から分泌される神経

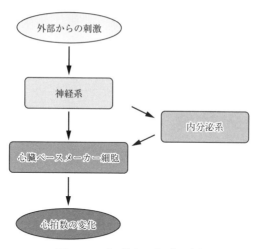

図 11-1　シグナル伝達の例

伝達物質やホルモンにより情報伝達が行われる。たとえば，安静な状態ではペースメーカー細胞につながる神経の末端からペースメーカー細胞へアセチルコリンという物質が放出され，この分子をペースメーカー細胞が受け取ることによって情報が伝達される。また，内分泌系の副腎で放出されるホルモンであるアドレナリンは血流によって運ばれ，ペースメーカー細胞が受け取ることによって情報が伝達される。前者の情報は心拍を抑制し，後者は促進する。

　もう1つは細胞の内部の情報伝達である。外部から受け取った情報は，細胞内部に伝達するだけでなく，最終的にはペースメーカーとしてリズムを作り出している本体である，タンパク質などのはたらきに変換する必要がある。ペースメーカー細胞では細胞内部のカリウムイオン，ナトリウムイオン，カルシウムイオンの出し入れによって，リズムを刻

んでいる。詳細は割愛するが，イオンを汲み出して，再び汲み入れるといったような，一見無駄なことを行って，細胞は周期的な変化を生み出す。そして，生じた電気的なリズムを他の心筋細胞に伝えることによって，心臓全体が一定のリズムで拍動する。

3. 受容体タンパク質

　細胞において，外部の物質の存在やその状態といった，外部のシグナルを受け取るセンサーの役目を担っている分子は受容体タンパク質（あるいは受容体）という。受容体はその機能単位から，大きく2つの構造に分けることができる。1つは，外からの情報（シグナル）を受容する部位，もう1つは受け取ったシグナルを細胞内部の情報の処理システムに伝達する部位である（図11-2）。

　シグナルを受け取る部位は，特定の分子（シグナル分子）と結合する機能を有している。ペースメーカー細胞の受容体であれば，特定の神経伝達物質やホルモンに結合する構造をもっている。ヒトの鼻でにおいを感じる細胞には，におい物質の受容体があり，それらの受容体は，ある

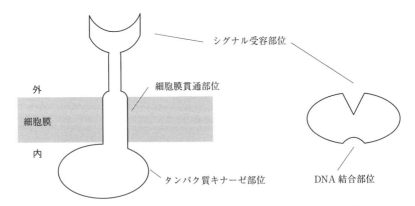

図 11-2　膜貫通型受容体（左）と脂溶性ホルモン受容体

特定のにおい物質と結合する。また，光や熱を感知するのも，受容体で行っている。この場合，シグナルを受け取る部位は，それ自身が受けた光や熱のもつエネルギーを利用して，自身の構造に変化を起こす。これらのシグナル分子の結合や，光や熱のエネルギーによるシグナル受容部位の構造変化が，内部にシグナルを伝達する部位を活性化して，細胞内部へのシグナルの伝達が行われる。

受容体の多くは膜タンパク質である

　細胞の受容体の多くは，そのシグナルの受容部位を細胞の外側に保持している。一方，シグナルを伝達する部位は，細胞の内部に保持している。このように1つのタンパク質で，細胞内外に構造が分離している受容体は，さらに細胞膜を貫通する部位をもち，膜貫通型受容体という。これは，細胞では基本的に，シグナルは外から入ってくること，そして，受けたシグナルは細胞内部で処理されることを考えると理想的な配置である（図11-2）。また，シグナルとなる分子は，多くの場合，細胞膜を通過することができないため，シグナル受容部位が細胞外部にあることは必須であるともいえる。同様に，光，音，熱などは，細胞膜が遮るわけではないが，比較的均質な細胞外と比較すると，細胞内ではいろいろな分子の影響を受けるため，正確な情報を取得するには細胞外での受容が効果的である。シグナルの中には，シグナルが来る方向が重要な場合もある。その場合，細胞内部の細胞質ゾル中で受容体が激しく運動しているより，細胞膜中で方向や局在が限定されている方がこれらのシグナルの受容に適している。例えば，大腸菌の走化性に関わる受容体は，桿状の細胞の両末端に，受容体が集まっている。

　一方，ヒトのステロイドホルモン受容体は細胞内部に存在する。これはシグナル分子であるステロイドホルモンが，細胞膜を通過できるためである。このシグナル分子が細胞内で受容体に結合すると，その複合体

は核内に移行し,特定の遺伝子の転写制御領域に結合し,転写を促進する(図11-2)。このように受容体は,刺激やシグナルを受容するのに適した場所に存在する。

4. シグナル分子と受容体

外部からのシグナルは,光,音,熱を除けば,ほとんどが分子である。したがって,受容体は,それらの分子の有無を判別する機能をもつともいえる。酵素の基質特異性のように,受容体もシグナルとなる分子に対して,特異的に結合することによって,特定の分子のみを選択的に受容することができる(図11-3)。一方で,区別すべきシグナルとなる分子の種類だけ,受容体の種類が必要となる。たとえば,哺乳類では,嗅覚が発達している生物がたくさんいる。その中でもハツカネズミについては,ゲノムの配列情報からにおいを感じるための受容体の全容が判明している。少なくとも,1000種類もの受容体の遺伝子を持っており,これは,ゲノムに記されている全遺伝子数の5%近くに達する数である。これは,においの実体が空気中の化学物質であるため,においごとに分子が異なり,異なる受容体が必要となるためである。

多細胞体制の生物では細胞によって発現する受容体が異なる

多細胞生物の細胞は,細胞によって機能に違いがある。したがって,

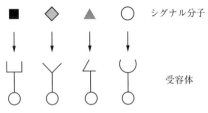

図 11-3 受容体のシグナル分子特異性

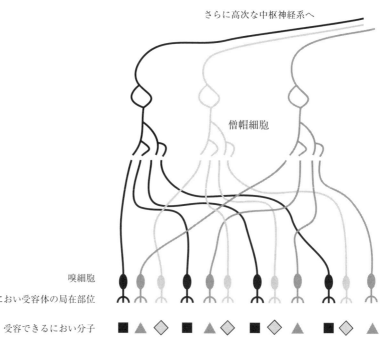

図 11-4　におい受容体の細胞特異的遺伝子発現
におい受容体を持つ嗅細胞は，特定のにおい受容体のみを発現している．また，その信号を受け取る僧帽細胞も，同一のにおい受容体を発現している嗅細胞のみから情報を受け取ることによって，においの情報が伝達される．

受け取るべきシグナルも異なる．必要なシグナルを得るための方法として，細胞は必要に応じて異なる受容体を発現している．たとえば一部の光を感じる細胞を除けば，光に対する受容体の遺伝子発現は不要である．このように，細胞のレベルで見た場合，受け取るべきシグナルに対応する受容体が，各細胞で選択的に発現していると考えられる．たとえば，再び，嗅覚を例に上げると，哺乳類では，鼻ににおいを感じる細胞が存在する．細胞ではにおい物質が，受容体に結合しているかを判断す

るだけである。実際にどんなにおいであるかは，脳神経系での情報の処理に依存している。そのため，1つの細胞が細胞膜中に保持しているにおい物質の受容体（嗅覚受容体）の種類は，ごく少数に限定されている（図 11-4）。たとえば，餌のにおいに対する受容体と，毒のにおいに対する受容体が同一の細胞で発現することがあると，その細胞が受容したにおいの特徴がはっきりせず，脳で判断することは困難となってしまう。ただし，どれだけの種類の受容体を発現しているかは，細胞の役割と大きく関連しており，複数種類の受容体を持つ細胞もある。

このように，シグナル分子と受容体の関係は単純であっても，心拍の調節あるいはにおいに対する反応といった生物機能を発現するには，複雑な仕組みが必要である。

5．シグナル分子によるシグナル伝達

多細胞性の生物では，生体内の活動を制御するためにさまざまなシグナル分子を自身で合成して利用している。自身といっても実際に分子を合成するのは細胞の代謝による。したがって，細胞が受容するシグナル分子は，個体の外部に由来するものだけでなく，個体内の別の細胞に由来するものもある。その典型的なものがホルモンや神経伝達物質である（図 11-5）。ホルモンは脳下垂体や卵巣などにある細胞から血中に放出される。放出されたホルモンが受容体に結合すると，その受容体を持つ細胞は，あらかじめ準備された方法で，ホルモン受容に対する応答を行う。神経伝達物質なら，神経細胞間にあるシグナルを伝達するためのシナプスという部分で，シグナルを送る側の細胞（前シナプス細胞）から，神経伝達物質がエキソサイトーシスにより放出され，シグナルを受け取る細胞（後シナプス細胞）がもつ神経伝達物質の受容体に結合し，受け取り側の細胞にシグナルが伝達される。どちらも放出は限定された

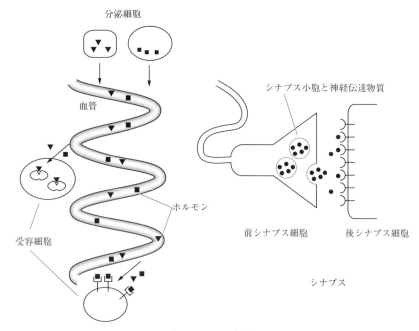

図 11-5　ホルモンによるシグナル伝達（左）と神経細胞によるシナプスでのシグナル伝達

期間であり，それによって，シグナルを制御している．一方，そのホルモンや神経伝達物質の受容体を発現していない細胞では，何も応答は起こらない．

6．接着によるシグナルの伝達

　細胞が受け取るシグナルは，何も離れたところから到達する分子だけではない．接触している細胞や細胞外マトリックスなどからのシグナルも重要である．この場合は，シグナルを受け取る細胞表面の受容体が，他の細胞表面の分子や，細胞外マトリックスと結合し，それらをシグナ

ルとして認識することによってシグナルの伝達が行われる。たとえば，上皮細胞などは細胞外マトリックスと結合していることで，その機能を保つことができる。上皮細胞由来の細胞を，人工的に必要な栄養を加えた溶液中で培養する場合，その細胞が接着可能な細胞外マトリックス様の構造が，培養するシャーレなどに塗布されていなければ，細胞は増殖することができず，十分は栄養があったとしても，間もなくアポトーシス（第12章）により，細胞死を起こす。

　細胞の中には，隣の細胞との間に比較的小さな分子だけが通過できる通り道を持つものがある。この通り道は動物細胞ならギャップ結合，植物細胞なら原形質連絡という構造がよく知られている。細胞内部のシグナル伝達に関与する低分子なら，この通路を通って移動できるため，シグナルの伝達機構としても機能する。たとえば，心筋細胞はこのギャップ結合でお互いがつながっており，このギャップ結合を通してイオンが流れてくるため，協調して収縮することができる。

7．細胞内のシグナル伝達

　外部からのシグナルは，受容体を介して細胞内部に伝達され，さらに細胞内部のシグナルを伝達するタンパク質の間で伝達され，最終的に細胞の遺伝子発現，代謝，細胞分裂などの，さまざまな細胞の機能を制御する。シグナルを受けて，細胞にどのような変化が起こるかは，細胞の種類や状態によっても異なる。一方，シグナルがどのように細胞内に伝達され，伝達されたシグナルが細胞内でどのようにさらに伝わっていくかといった，よりシグナル伝達の上流の部分は，受容体の種類によって決まっている。これは，受容体のタイプと細胞内でのシグナル伝達の方法に，明確な関係があるためである。細胞膜に局在する膜貫通型受容体は，シグナル伝達の方法によって，大きく3種類に分類できる。その3

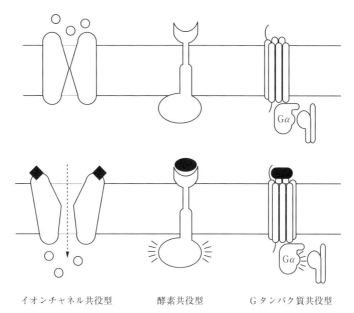

図 11-6　細胞膜上にある，さまざまなタイプの受容体
シグナル分子受容前（上）と受容後

つは，イオンチャネル共役型，酵素共役型，Gタンパク質共役型である（図 11-6）。これら3種類の受容体について，どのように外部のシグナルを細胞内へ伝達するのかを見ていこう。

イオンチャネル共役型

　この受容体はそれ自体が，イオンチャネルとなっている。通常は閉じた状態になっているチャネルにシグナル分子が結合すると，チャネルが開き，特定のイオンが濃度勾配にそって，流入あるいは流出する。このようなイオンの流入や流出による濃度変化は，神経細胞等で利用されている（図 11-6）。

酵素共役型

　これは受容体にシグナル分子が結合すると，受容体の細胞質内の酵素部位が活性化されるタイプである。たとえば，上皮成長因子や血小板由来増殖因子，線維芽細胞成長因子は，いずれもタンパク質性の細胞増殖因子であり，異なる受容体に対するシグナル分子となる。ただしいずれの受容体も，細胞内部にタンパク質リン酸化酵素（キナーゼ）の活性部位をもつ。各々のシグナル分子が受容体のシグナル分子の受容部位に結合すると，キナーゼ部位が活性化され細胞内へのシグナル伝達を開始する（図11-7）。そして細胞内部のタンパク質に順次，シグナルが受け渡されていく。この伝達される経路をシグナル伝達経路あるいは，シグナルカスケードという。

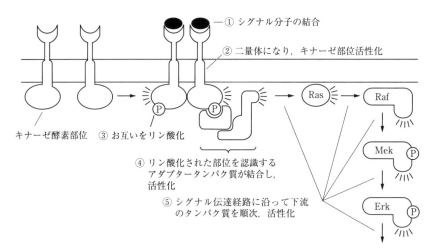

図11-7　上皮成長因子によるErk（分裂促進因子活性化キナーゼ；MAPキナーゼ）活性化のシグナル伝達経路
　MekはMAPキナーゼキナーゼ（MAPキナーゼをリン酸化），RafはMAPキナーゼキナーゼキナーゼ（MAPキナーゼキナーゼをリン酸化）の役割を担う。

以下に上皮成長因子によるシグナル伝達経路の活性化について示す（図11-7）。

　シグナル分子が結合した受容体は二量体を形成し，お互いの酵素としての機能が活性化され，お互いの酵素部位にもリン酸を付加する。酵素部位にリン酸が付加された構造に特異的に結合するアダプタータンパク質が，これを認識して受容体に結合する。さらに，いくつかのタンパク質が関わって，次にRasタンパク質を活性化する。活性型のRasタンパク質は，Rafタンパク質というMAPキナーゼカスケードという細胞膜から核へのシグナル伝達の流れの中で最も上流のタンパク質キナーゼを活性化する。次に，Rafは，下流のMekをリン酸化することにより活性化する。Mekもまたタンパク質キナーゼであり，活性化されたMekはさらに下流のErkをリン酸化により活性化する。Erkもまたタンパク質キナーゼなので，他のタンパク質をリン酸化することにより活性化する。さらに，Erkは活性化されると核内に移行する特徴をもつ。そして，細胞分裂や分化を促進するために必要な転写因子も活性化する。活性化されたタンパク質のはたらきにより，最終的に細胞分裂や分化が起こる。このように，伝言ゲームのようにタンパク質を活性化していき，シグナルを伝達する。

Gタンパク質共役型

　Gタンパク質共役型受容体は，7回膜貫通型の受容体であり，先に示したにおいや神経伝達物質の受容体の多くも，このタイプの受容体である。Gタンパク質共役型受容体は，Gタンパク質を細胞内のシグナル伝達に利用している。Gタンパク質は，α，β，γの3種類のサブユニットからなり，それらは通常まとまって，細胞膜面に局在している（図11-8）。受容体にシグナル分子が結合すると（①），Gタンパク質のαサブユニット（Gα）が活性化される（②）。そして，活性化されたGαは，

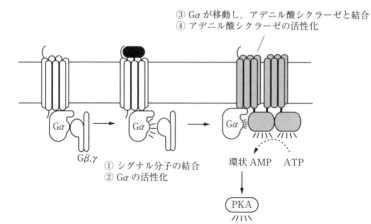

図 11-8　G タンパク質共役型受容体によるタンパク質キナーゼ A (PKA) 活性化のシグナル伝達経路
　ここでは G タンパク質 α サブユニット (Gα) がアデニル酸シクラーゼを活性化する図を示した。Gα には複数の種類があり，アデニル酸シクラーゼを不活性化する場合や，フォスフォリパーゼ C を活性化する場合がある。

アデニル酸シクラーゼを活性化する。アデニル酸シクラーゼは他のタンパク質を直接活性化せず，自身の酵素反応により，ATP から環状 AMP を産生する。その結果，環状 AMP が細胞内に供給され，広がっていく。環状 AMP は，環状 AMP 依存タンパク質キナーゼ (PKA) を活性化する。これは，環状 AMP の存在下で活性化する酵素である。活性型 PKA は細胞内の他のタンパク質にリン酸を付加することによって，活性型に変換し，外部のシグナルを伝える（図 11-8）。
　たとえば，心臓のペースメーカー細胞にはたらくシグナル分子のひとつであるアドレナリンの受容体である，βアドレナリン受容体はこの G タンパク質共役型受容体であり，同様のシグナルの伝達経路を利用して，PKA を活性化する。PKA はペースメーカ細胞のもつイオンチャネ

ルの機能にはたらきかけ，ペースメーカー細胞のリズムを早め，心拍の速度を上げる。

このようにGタンパク質共役型受容体によるシグナル伝達経路では，細胞内のシグナル伝達に，環状AMPのような2次メッセンジャーという分子群を利用している。これらは低分子なので酵素反応で合成でき，タンパク質と比較してその細胞内での分散の速度が速く，効率よく細胞内のシグナル伝達を行うことができる。

8. タンパク質活性の分子スイッチ

上記のシグナル伝達において，タンパク質のリン酸化（タンパク質のある特定のアミノ酸へのリン酸の付加）によって，その活性が制御されている例がいくつかある。これは一般的な仕組みであり，動物だけでなく，あらゆる生物においてシグナル伝達で使われている。いずれも，タンパク質中のある特定のアミノ酸がリン酸化されることによってタンパク質が活性化され，脱リン酸化によって不活化される（図11-9）。これらは，酵素反応なので，活性化も不活化も短時間で行うことが可能であり，必要なエネルギーも僅かである。リン酸化と同様にGDPとGTPを組み合わせた活性の制御もある。先に示したGタンパク質αサブユニットやRasタンパク質も活性型はGTPと結合しており，それが加水分解されてGDPになると不活型になる。

図11-9　リン酸によるタンパク質の活性制御

参考文献

中村桂子，松原謙一（監訳）『Essential 細胞生物学 原書第 4 版』南江堂，2016

中村桂子，松原謙一（監訳）『細胞の分子生物学 第 6 版』ニュートンプレス，2017

D・サダヴァら（著）丸山敬，石崎泰樹（監訳）『カラー図解 アメリカ版 大学生物学の教科書 第 3 巻 分子生物学』講談社，2010

12 | 細胞分化

二河　成男

《**目標&ポイント**》 多細胞生物では，受精卵から細胞が分裂により増殖して，個体を形成している。その際に，細胞はただ分裂して，同じ細胞を生み出すだけでなく，徐々に，ある特定の機能に特化した細胞へと変化していく。これを分化という。また，中には，プログラム細胞死により，自ら積極的に細胞死を選ぶ細胞もいる。いずれも，個体の発生には欠かせない仕組みである。これら分化やプログラム細胞死を引き起こす原因や制御の仕組みについて解説する。
《**キーワード**》 細胞分化，多能性，幹細胞，膜分化，細胞系譜，非対称分裂，プログラム細胞死

1. 個体の発生と細胞の分化

　私たちの体は多数の細胞からなる。元からたくさんの細胞があったわけではなく，たった1つの細胞（受精卵）に由来する。1つの細胞が，ヒトならおよそ60兆個にも増殖する。60兆個になるには，約60兆回の細胞分裂が必要である。これはとてつもない数であるが，すべての細胞が分裂して増殖可能であれば，受精卵から46回（$2^{46} ≒ 70$兆）の分裂で60兆に達する。

　しかし，細胞が単純に分裂を繰り返すだけなら，60兆個の細胞ができるだけである。単細胞生物はそのようにして個体をふやすが，多細胞生物では細胞の塊ができるだけで，個体は形成されない。

　生物の発生において，細胞は増殖するのみならず，特定の機能や構造

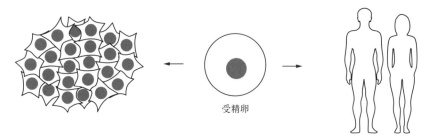

図 12-1 細胞の増殖と分化
増殖のみ（左）と分化を伴う増殖（右）

を持つ細胞へと特殊化する必要がある（図 12-1）。このように細胞が特殊化していくことを分化という。たとえば，ヒトの場合 200 種類以上もの機能が異なる細胞から個体が形成されている。このことは，細胞分裂による増殖と細胞の分化が，きわめて巧妙に制御されていることを示している。通常の状態では，ある特定の細胞だけが増殖しすぎることはなく，また，均一な細胞からなる組織に，異なる種類の細胞が分化して生じることもない。

2．細胞の分化能

　細胞が分化する過程で見られる特徴の１つに，分化は後戻りできないという現象がある。これは，細胞が分化していくにしたがって，より特定の機能や構造に特殊化した細胞になるという現象である。動物，植物ともに，受精した直後の受精卵は精子と卵が融合した１つの細胞である。この細胞が，あらゆる種類の細胞へと分化していく。したがって，受精卵は，すべての細胞になる能力を持っている。このようなすべての細胞に分化することができる能力を全能性（あるいは分化全能性）という（図 12-2）。ただし，この全能性という能力を備えていることが確認

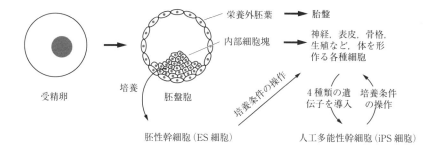

受精卵 ——— 全ての細胞への分化能（全能性）
内部細胞塊 ——— ほとんどの細胞への分化能
栄養外胚葉 ——— 胎盤などの胚体外組織
胚性幹細胞 ——— ほとんどの細胞への分化能
iPS細胞 ——— ほとんどの細胞への分化能
造血幹細胞 ——— 全ての血液細胞

図12-2　各種細胞の分化能と由来

されている細胞は，一般的にヒトを含む動物の場合，受精卵だけである。

　また，全能性とよく似た言葉に多能性というものがある。これは，分化できる種類は限定されているが，複数の種類の細胞に分化する能力をもつことをいう。たとえば，ヒトの着床前の胚（胚盤胞）の内部細胞塊（実際に体ができる元となる細胞塊）は，胎盤や羊膜以外のあらゆる種類の細胞に分化できる多能性をもつ（図12-3）。より分化の進んだ細胞を例にとると，骨髄中にある造血幹細胞も，さまざまな血液細胞に分化する能力を有しているので，内部細胞塊とは程度は異なるが，多能性をもつといえる。このように細胞は分化するにつれ，分化できる細胞の種類が限定されていくという特徴も有する。

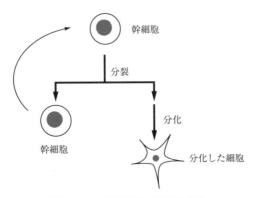

図 12-3　幹細胞の分裂と分化

3. 幹細胞　多能性と自己複製

　幹細胞とは，複数の種類の細胞に分化できる能力と，自己複製の能力を併せもった細胞のことをいう。たとえば，造血幹細胞は，B細胞やマクロファージなどの白血球や，赤血球などに分化する能力をもつ。分裂後の2つの細胞がどちらも分化してしまうと，その後の新たな血液細胞の供給が困難になる。これを避けるために細胞分裂の際に，造血幹細胞の機能を維持する細胞と，分化していく細胞の2種類の異なる細胞が生じる。これによって幹細胞の機能維持と分化した細胞の生体への供給という役割を両立させている。赤血球や多くの白血球において，分化後の寿命が短くとも常に十分量が血液内に満たされているのは，成体になっても造血幹細胞が骨髄中に存在し，新たな細胞を分裂により供給できるおかげである。

　最近の研究からは，ヒトの体内にも，さまざまな幹細胞が存在することが明らかになってきた。小腸上皮や，皮膚，毛髪，爪，乳腺，脂肪組織といった，血球と同様に比較的寿命が短い細胞，あるいはある特定の

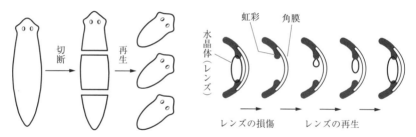

図 12-4　プラナリアの再生（左）とイモリのレンズの再生

期間に増殖する組織の細胞には，その供給元となる幹細胞の存在が同定されている。ただし，これらの幹細胞はごく限定された多能性しかもたない。

　一方，ほぼ体を再生できるような，より広い多能性を有する幹細胞をもつ動物もまれに存在する。その中でも有名なものはプラナリアである（図 12-4）。プラナリアは体を複数の断片に切断しても，いずれの断片からも完全な個体が再生される。これは，全身に全能性の幹細胞が散在しているためである。この全能性幹細胞は，通常，未分化な状態で維持されているが，体が切断されたことを何らかの方法で察知すると，増殖を開始して必要な組織を回復するための細胞を供給する。

4．細胞の脱分化

　分化した細胞は後戻りできないと説明したが，これはすべての細胞に当てはまるわけではない。細胞の中には，分化の道筋を後戻りして，未分化で増殖可能な状態に移行する（脱分化），あるいは，別の異なる細胞に分化する（分化転換）場合がある。たとえば，動物ならイモリの瞳のレンズが再生される時にそのような現象が観察される。イモリの瞳のレンズを取り除くとレンズ上部にある虹彩の色素上皮細胞が脱分化し，

増殖を開始する。そして，増殖した細胞が新たなレンズを形成することによって，再生がなされる（図12-4）。このことは細胞の増殖の過程で，色素上皮細胞が，レンズを形成する細胞へと変化したことを意味する。このように分化した細胞が，異なる種類の細胞に分化することを分化転換という。

　脊椎動物では，このような脱分化や分化転換は稀な現象であるが，植物では，それほど珍しくはない。茎の一部を使った挿し木による繁殖は，茎の細胞から，根，葉，花などの組織を形成することができる。これは植物では脱分化や分化転換が容易に起こることを示している。

哺乳類の細胞で脱分化を引き起こすには

　イモリのレンズの再生のように，細胞の分化と脱分化を正確に制御できれば，さまざまな組織の破損にも効果的な治療を行うことができる。しかし，ヒトの細胞は，通常の状態では，脱分化することはない。したがって，あらゆる組織へ分化可能な多能性を持つ細胞を作成する研究がなされてきた。その成果の1つは，胚性幹細胞（ES細胞）としてよく知られている。これは，胚盤胞の内部細胞塊，あるいはそれ以前の段階の胚から細胞を取り出し，人工的に培養することによって，樹立された細胞である（図12-2）。胚性幹細胞は，高度な多能性を有し，再生医療としての利用が考えられている。しかし，ヒトの胚性幹細胞はヒトの胚からしか作出できないため，倫理的な問題がある。また，自身とは遺伝的に異なる胚性幹細胞を治療に使用することは，拒絶反応を引き起こす可能性もあるため，体細胞に脱分化を促すことによって多能性をもつ幹細胞を作成する方法の開発が望まれていた。

　これを可能にする発見をもたらしたのは，山中伸弥博士（2012年に本研究でノーベル賞を受賞）らの研究グループによる人工多能性幹細胞（iPS細胞）の樹立である。ヒトの体細胞に，4種類の遺伝子（*Oct3/4*,

Sox2, c-Myc, Klf4）を人工的に導入して，その遺伝子にコードされているタンパク質を，細胞に強制的に合成させることで，胚性幹細胞と同様な分化多能性を有する細胞を作出することに成功した．これは，ヒトの胚を使う倫理的な問題や，拒絶反応の問題を回避できるという応用面に加えて，細胞分化の制御に関する画期的な発見でもあった．

5．細胞の分化を制御する

多細胞生物では，受精卵から機能の異なるさまざまな細胞に分化していく．その際，細胞の持つゲノムDNA自体は，一部の例外を除いて変化しない．したがって，変化しているものは，各遺伝子からの発現の有無や発現量である．つまり，細胞の種類が異なると，求められる機能も異なっているため，実際の機能分子であるタンパク質も，合成される種類や量に違いが生じる．このような細胞間の違いを生み出す仕組みが，転写因子による遺伝子発現の制御である．

第4章にあるように，転写因子は，遺伝子の5′上流側などにある調節領域に結合し，その遺伝子からの転写を活性化したり，抑制したりする．転写因子もタンパク質であり，細胞内で機能するには，遺伝情報からの転写と翻訳により合成されなければならず，そのためには，この転写因子の遺伝子発現を制御する，より上流の転写因子が必要な場合もある．このような階層的な制御が細胞の種類ごとに存在する．

問題は，最上流にあって，分化の引き金を引くもの，いい換えると細胞内の遺伝子発現パターンに変化をもたらすものが何であるかという点にある．発生そのものは，受精が引き金となる．受精によって，細胞分裂が開始し，個体発生が進んでいく．細胞の分化の場合は，大きく分けて2つの引き金が利用されている．1つは，細胞自身の内部の環境に由来するものであり，もう1つは，細胞の外部の環境に由来するものであ

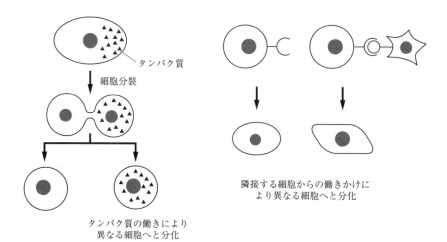

図 12-5　細胞に分化を引き起こす要因：内因性（左：非対称分裂）と外因性

る。前者は，非対称分裂という，分裂した2つの娘細胞の細胞内環境に違いを生み出す分裂であるため，分化の要因は主に内部に存在する。一方，後者は周りの細胞や組織からのシグナルに依存するものである。したがって，主に外部の要因に依存する（図12-5）。

分化の調節機構

　先に示したように細胞分化を調節する仕組みには，内因性の因子と外因性の因子がある。内因性の因子は細胞の中にあるが，何もないところから生まれることはない。外因性といっても，引き金は外部にあるが，はたらくのは内部の機構である。これら分化の仕組みは，細胞ごとに異なる因子によって制御されている。ここでは *Caenorhabditis elegans* という線虫の細胞分化を例に説明する。線虫は，すべての細胞の親細胞が分かっており，分化の状態も分かっている。つまり，ヒトの家系図のように，細胞の系図（細胞系譜）が，受精卵から成体になるまで記述できる（図12-6）。したがって，いつどのような分裂をして，どのように分

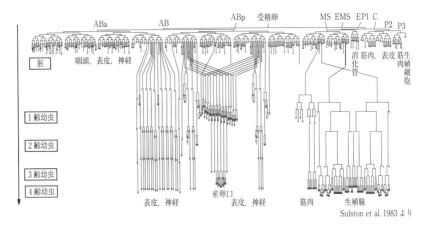

図 12-6　線虫の全細胞系譜
縦軸は時間経過を示す。細胞の発生後の組織の概略を示した。細胞名は図 12-7 参照。

化したか。そして，その細胞が今後どのように分化するかが明らかになっている。

　細胞は，一般的に親細胞が分裂して，2つの娘細胞になる。そして，娘細胞は同じ細胞として観察され，そのような図をよく見かける。一方，実際の生物では，しばしば2つの娘細胞に違いが生じる。先に説明した幹細胞の分裂などもその1例である。2つの娘細胞の遺伝情報は同一であるが，細胞内の転写因子，受容体などの転写やシグナル伝達に関わる因子が2つの娘細胞で異なっているのである。その結果，発現する遺伝子に変化が生じ，受け取ることのできる他の細胞からのシグナルが変化する，あるいは，内部のシグナル伝達の機構に違いが生じるといったことが起こり，細胞が分化していく。

非対称分裂による分化
　たとえば，線虫の場合，受精卵の最初の分裂が非対称分裂により，不

等価な娘細胞（ABとP1細胞）が生じる（図12-7）。後方のP1細胞は，前方のAB細胞より小さく，P顆粒やいくつかのタンパク質はP1細胞のみに存在する。また，別のタンパク質はAB細胞のみに存在する。これは受精によって，前後の軸が細胞内に生じ，その結果，P顆粒やその他の不均一に配分される分子が，適切な場所に移動するためである。そして，次の分裂時もP1細胞は非対称分裂により，EMS細胞とP2細胞に分裂する。EMS細胞はさらに，MS細胞とE細胞に非対称分裂し，P2細胞はP3細胞とC細胞に非対称分裂を起こす。最終的にP3細胞はもう1度非対称分裂を起こし，生殖細胞になるP4細胞とD細胞に分裂する。P4細胞に至る細胞系譜では常に，P顆粒が局在するように非対称分裂が生じる。

　ABとP1細胞を形成する最初の非対称分裂に関わるタンパク質の中にPAR-3，PAR-6，aPKCと言うものがある。これらは受精卵の前端側に位置し（P顆粒と逆の位置），この非対称分裂を制御している。これらの遺伝子を破壊すると非対称分裂が起こらないことが知られている。この3つの遺伝子は，ショウジョウバエやヒトでも同様の遺伝子がゲノム中に存在しており，発生初期の神経や皮ふを形成する細胞分裂において，非対称分裂を引き起こすために必須であることが分かってきた。

外因性の分化

　一方で，この僅かな線虫の初期発生の間にも，細胞は外部からの影響によって分化の方向が決定されている。AB細胞は次の分裂時には，通常の対称的な分裂により，等価な娘細胞ABaとABpを生じる。この時ABp細胞はP2細胞と接触する。一方，ABa細胞は接触しない。どちらも同じ受容体を細胞膜にもっているが，P2細胞からのシグナルは接触した細胞にしか伝わらない。そのため，ABpのみにシグナルが伝

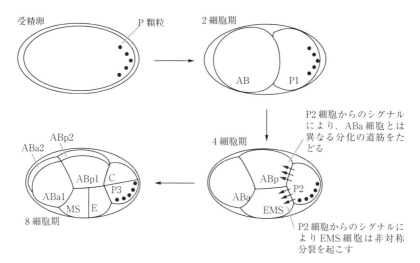

図 12-7　線虫の発生初期に生じる非対称分裂

達され，細胞分化の道筋に変更が生じ，ABa と ABp の２つの細胞は，異なる分化の道筋をたどることになる。実験的にも P2 細胞を除去すると ABp は ABa と同じ細胞のままとなり，同一の分化の道筋をたどってしまう。したがって，外部の影響によって，分化の道筋が決定されることになる（図 12-7）。

また，非対称分裂自体も，外部からの影響を受ける。EMS 細胞では，P2 細胞と接している部分で P2 細胞からのシグナルを受けると，P2 細胞近傍においてあるタンパク質（転写因子）の量が減少する。その結果，EMS 細胞は分裂時に，そのタンパク質の量に関して非対称分裂となり，これによって MS 細胞と E 細胞という異なる分化の道筋をたどる娘細胞が生じる（図 12-7）。

分化の道筋

　以上のように，非対称分裂に起因する内的要因と，他の細胞からのシ

グナル伝達という外的要因が，密接な関係を保ちながら，細胞の分裂と分化は進行していく。かつては発生における分化では，各細胞の分化の運命はあらかじめ正確に決まっていて，個々の細胞が自律的に分化していくとする説が支持されていた。たしかに，正常な発生だけを観察していると，AB，MS，E，D，C，P の各細胞では分化の運命が決まっており，細胞系譜として記述できる（図12-6）。しかし，細胞の移植あるいは除去実験によって，各細胞の分化の道筋は，元から決まっているものではなく，近隣の細胞と相互作用しながら，決まっていくことが明らかになった。

6. プログラム細胞死

個体に死が訪れるように，細胞も死に至る場合がある。ウイルスなどに感染した細胞や，老化した細胞は，免疫細胞によって積極的に排除される。また，損傷を受けた細胞が自身の機能を維持できず崩壊し，細胞死に至る場合もある。これら，外的な要因や単純な細胞の寿命で機能が損なわれることによって細胞が死に至ることは，個体の死との関連からも理解できる。一方，細胞には，計画的に死を選ぶ仕組みが備わってい

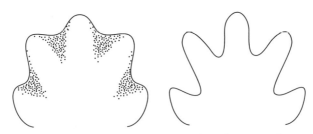

図12-8 脊椎動物の指は発生の過程で生じるアポトーシスにより形作られる
　指の間の細胞がアポトーシスを起こし（左：黒点），指が形成される（右）。

る。これをプログラム細胞死という。ヒトの手指の間に水かきがないのも、発生の途中で水かきとなる部位の細胞にプログラム細胞死が起こりその部分が消失するためであり、オタマジャクシがカエルになる時に尻尾が消失するのもプログラム細胞死が起こるためである（図 12-8）。

　細胞死の様式としては、アポトーシス（自滅）によるもの、オートファジー（自食作用）を伴うもの、ネクローシス（あるいはネクロトーシス）型の、3 タイプが知られている。いずれも、内部の生理的、あるいは外的な要因をきっかけに、細胞自身が持つ各々の細胞死機構によって、自死する。つまり、何らかの原因により、細胞自身が自らを破壊す

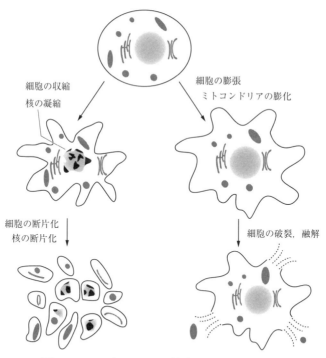

図 12-9　アポトーシス（左）とネクローシス

るためのタンパク質や細胞小器官を活性化して死に至るのである。

アポトーシス

プログラム細胞死の中でも，個体を安定な状態で維持するために，積極的に引き起こされる細胞死がアポトーシスである。ほとんどのプログラム細胞死はアポトーシスによって起こる。

アポトーシスによる細胞死では，まず，細胞が縮む。そして，細胞の構造が変形し，核膜も破壊され，核の内部も断片化する。やがて，細胞の表面に小胞ができ，細胞内部も小胞に包まれて，細胞自身が断片化する（図12-9左）。そして，これらの小胞が周りの細胞やマクロファージに貪食される。

細胞がアポトーシスに至る原因は，他にも外部からのシグナルや細胞内のストレスなどが知られている。このように原因はいくつかあるが，いずれの場合も，カスパーゼという，特定のタンパク質を切断するタンパク質分解酵素が活性化される。カスパーゼには開始タイプと実行タイプが存在し，まずは開始タイプが活性化され，それが実行タイプを活性化する。そして，実行タイプによって，細胞質内にあるさまざまな標的となるタンパク質が分解されることによって，細胞は細胞死に至る。

オートファジーと細胞死

オートファジー（自食作用）とは，細胞が自身の細胞小器官やタンパク質を分解する機構である。通常は，老化，あるいは損傷した細胞小器官や，タンパク質を分解するはたらきをもつ。一方，栄養枯渇時は，無差別に細胞内の成分を分解する。分解によって生じたものは細胞が生きるための栄養として再利用される。オートファジーでは，細胞内にオートファゴソーム（自食胞）が形成される（図12-10）。これは分解される細胞小器官やタンパク質を包む2重膜の小胞である。このオートファゴソームは，やがてリソソームと融合して，リソソーム由来の分解酵素

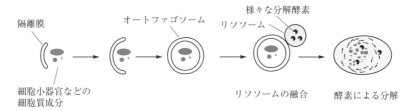

図 12-10　オートファジーによる細胞質成分の分解

によりその内容物は分解される。

　オートファジーは，細胞にとって生き延びるための仕組みであり，通常，オートファジーを阻害した方が，細胞は細胞死が起こりやすくなる。一方で，プログラム細胞死を起こしている細胞において，アポトーシスとは異なり，オートファゴソームが多数形成され，核構造の変化があまり見られない場合がある。これがオートファジーを伴うプログラム細胞死の特徴である。現時点では，このタイプのプログラム細胞死は，ショウジョウバエの変態時に消失する幼虫の唾液腺と中腸でのみ，その詳細が明らかになっている。これらの細胞では，オートファジーを阻害すると，通常のオートファジーとは逆に細胞死が抑制され，不要な組織が残ることになる。したがって，オートファジーがプログラム細胞死に関わっているはずであるが，分子機構の詳細は解明されていない。

ネクローシス

　ネクローシスは，多細胞生物において，一部の細胞が死ぬこと（壊死）を示す言葉である。個々の細胞においても，熱などの外的な要因で細胞が破壊されるといった受動的な細胞死を，ネクローシスという。その際，アポトーシスとは異なり，細胞が破裂して，細胞死に至るため，内部の分子が外部に飛散し，ネクローシスが起こった部位では炎症反応が起こり，周囲の細胞に悪影響をおよぼす。近年，プログラム細胞死に

おいても，ネクローシス型の細胞死が起こることが明らかになってきた。つまり，細胞自身が積極的にネクローシス型の細胞死を起こすのである（図12-9）。これを調節型ネクローシス，あるいはネクロトーシスと呼び，外的な要因によるネクローシスと分けて言及する場合もある。

参考文献

中村桂子，松原謙一（監訳）『細胞の分子生物学　第6版』ニュートンプレス，2017

D・サダヴァら（著）丸山 敬，石崎泰樹（監訳）『カラー図解 アメリカ版 大学生物学の教科書 第3巻 分子生物学』講談社，2010

13 | ウイルス

二河　成男

《**目標＆ポイント**》　ウイルスは，感染症を引き起こす厄介者としての側面と，遺伝子組換え技術における遺伝子の運び屋といったバイオテクノロジーのツールとしての側面をもつ。ウイルスの構造や遺伝情報は単純なものが多いが，その増殖のしくみは多様であり，巧妙に細胞の防御機構をくぐり抜ける。これらウイルスの特徴について概観する。
《**キーワード**》　ウイルス，ファージ，逆転写酵素

1. ウイルスの発見の歴史

　タバコやトマトでは，モザイク病という葉に斑点ができ成長が悪くなる病気が古くから知られていた。この症状を示すタバコの抽出液を別のタバコに接種すると，その接種されたタバコでも同じ症状を示すことから，タバコモザイク病は伝染性の病気であることがドイツのアドルフ・エドゥアルト・マイヤーによって示された。さらに，ロシアのドミトリー・イワノフスキは，細菌ろ過器という細菌をろ過して無菌的な溶液を作る装置で，症状を示すタバコの抽出液を処理し，無菌的な抽出液を得た。それをタバコに接種したところ，無菌的にも関わらず感染が起こった。つまり，細菌よりも小さいものが感染の原因となっていることを示した。当初はその原因となるものが何か分からなかった。オランダのマルティヌス・ベイエリンクは，イワノフスキとは独立に同様の結果を得ており，その感染の原因物質を様々な角度から調べ，原因物質は細菌で

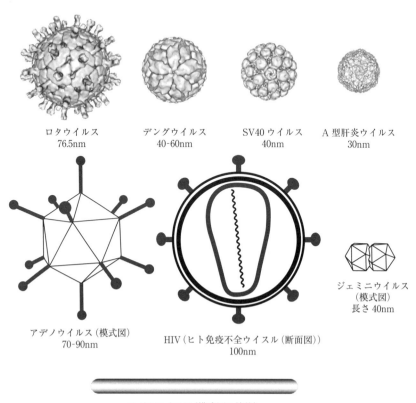

図 13-1　種々のウイルス（数字は直径）

はないこと，植物体内で増殖できること，細菌が合成する毒などではないこと等を示した。そして，この原因物質をウイルス（virus：ラテン語で毒のこと）と表現した。その後，アメリカのウェンデル・スタンリーによってこの原因物質は結晶化できることが示された。そして，このウイルスが，タンパク質とRNAからなることを明らかにした。現在で

はタンパク質と DNA からなるもの，あるいは脂質の膜で覆われているものなど，様々なタイプのウイルスが発見されている（図 13-1）。

2．ウイルスの構造

（1）ウイルスの基本構造

　ウイルスも，細胞の細胞膜のように内と外を区別する構造をもつ。それはキャプシドというタンパク質でできた殻である。この中に自身の遺伝情報や感染後にすぐに必要なタンパク質を保持している。そして，多くのウイルスではそのキャプシドが更にエンベロープという感染していた宿主細胞の細胞膜由来の膜で覆われている（図 13-2）。この膜は宿主細胞由来ではあるが，ウイルスのもつ遺伝情報から合成されたタンパク質も膜タンパク質としてエンベロープ中に存在し，感染や宿主免疫に対する対抗手段としての機能をもつものもある。エンベロープのないウイルスも多数あり，その場合キャプシドが内と外を区別する構造となっている。

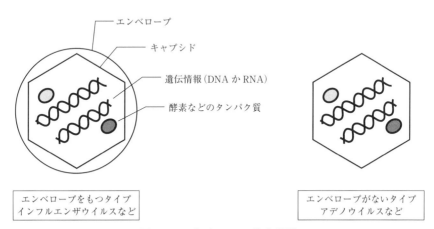

図 13-2　ウイルスの基本構造

（2）ウイルスの大きさ

　先に示したようにウイルスは液体をろ過して無菌化する装置を通り抜けるように小さな構造である。細菌は小さいもので長さ 500 nm（ナノメートル）程度なので，多くのウイルスはそれより更に小さな構造である。タバコモザイクウイルスは長さが 300 nm，直径 18 nm である。インフルエンザウイルスは直径 80-120 nm 程度の球形である。

　一方でメガウイルスという大きなウイルスも存在する。そのキャプシドは直径が 520 nm の正二十面体であり，それがタンパク質のフィラメント様の構造で覆われており，全体の大きさは直径 680 nm 程度の球形である。更にピソウイルスは長さ $1.5\,\mu m$ 幅 $0.5\,\mu m$ であり，大腸菌などと同等の大きな構造をしている。ただしゲノム DNA の長さは，大腸菌の 2 割に満たない。これらの大きなウイルスが感染するのは，単細胞性の真核生物である。

（3）ウイルス内部の状態

　ウイルスは，感染できる細胞と接触するまで，その内部では何も起こっていない。つまり，ウイルス内部では酵素が化学反応を起こし何らかの物質を合成することはなく，遺伝情報の複製，転写，翻訳などといった細胞で行われる一連の反応も行われていない。結晶化するということは，ある状態で固定されていると考えられる。先に示した，大型のウイルスは遺伝情報自体の量も多く，一部の細菌よりも大きいぐらいである。そこにはタンパク質合成である翻訳に関わる酵素も一部コードしている。しかし，それらも粒子内でタンパク質を合成することもなく，遺伝情報を複製することもない。一方，細胞はその内部で ATP の合成，タンパク質の合成，遺伝情報の複製などを行う。ミトコンドリアや葉緑体のような細胞内共生に由来する細胞小器官であっても，自身の内部に

保持する僅かな DNA の複製を行い，そこにコードされたタンパク質を合成し，必要な代謝を内部で行っている。

3．ウイルスの増殖機構

　ウイルスは，細胞と同様に自身の遺伝情報をもち，それを利用して自己複製を行うことができる。しかし，細胞とは様々な点で異なっている。その違いに着目してウイルスの特徴を説明する。

（1）増殖に必要な環境

　ウイルスは自身だけでは増殖できない。ウイルスごとに特定の感染・増殖可能な細胞が必要である。よって，ウイルスに十分な栄養を与えただけでは，増殖することはない。例えば，ヒトに特異的に感染するウイルスであれば，ヒトの個体あるいはヒトの培養細胞が増殖に必須である。一方，細胞はいずれも適切な環境と必要な栄養があれば増殖できる。大腸菌ならば，ヒトが暮らす環境であれば，水とグルコースを主とした必要な物質があれば増殖できる。また，光合成を行うシアノバクテリアなどでは，グルコースの代わりに光があれば十分である。つまり，ウイルスは細胞と比較すると他に依存した状態にある。細胞からなる生物でも他の生物に寄生し依存している生物はたくさんいる。ただし，それらは寄主から得ているものは栄養となる化学物質の取得であり，ウイルスのようにその増殖に宿主細胞の酵素やその基質を必要とするわけではない。

　少し話がそれるが，このような点から生物の定義の一つに，細胞からなるもの，という項目がある。これまでの多くの教科書などで採用されている定義である。現在では，遺伝情報をもつことや，生物間の相互作

用という観点も重視されており，このような見方からすると，ウイルスも核酸の塩基配列に自身の設計図となる遺伝情報を保持し，細胞との生物間相互作用を示すという点から，ウイルスも含めて生物を定義することも可能かもしれない。ただし，そうするとトランスポゾンのような利己的な転移因子，ミトコンドリアや葉緑体といった遺伝情報を保持するオルガネラも，生物に含まれることにもなる可能性がある。本書では混乱を避けるため，細胞からなるものを生物とし，ウイルスはそれとは異なる生命体と考えることにする。

（2）増殖のパターン

細胞は分裂によって増殖する。したがって，良い環境条件であれば周期的に倍増する。たとえば，大腸菌は，適切な条件であれば30分に一度分裂するため，30分ごとに倍増する。一方，ウイルスは分裂ではなく，自身のからだを構成する分子を感染細胞内で個別に合成し，それを組みたてて自身の複製を作り出す（図13-3）。例えば，T7ファージと

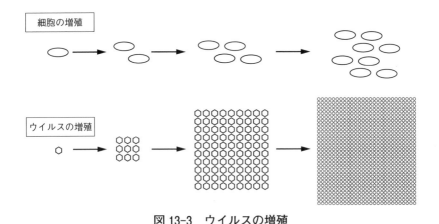

図 13-3　ウイルスの増殖

いう大腸菌に感染するウイルスの場合，第0世代となる最初の1粒子が大腸菌に感染してから10-12分で大腸菌は破壊され第1世代となるT7ファージが環境中に放出される。その数は大腸菌の状態によって異なるが，大腸菌1細胞あたり200-300の粒子が放出される。つまり1度の自己複製で200倍以上に増殖することになる。この条件で増殖を続けるなら，細菌なら第10世代で1000倍だが，T7ファージなら第10世代で1.0×10^{23}倍になる。

インフルエンザウイルスでは感染からウイルスが放出されるまでの時間は10時間程度が中央値とされており，その際に放出されるウイルス粒子数は平均1.9万粒子と言われている。このように増殖のパターンも，ウイルスが細胞とは異なる存在であることを示している。ただし，上記の条件はウイルスにとって理想的な状態を仮定しているので現実にはそれほど増殖するわけではない。

(3) ウイルスの感染後の動態

ウイルスの感染後の動態も大きく2種類ある（図13-4）。一つは細胞を利用して増殖し最後に細胞を破壊してウイルス粒子を放出する。もう一つは，自身の遺伝情報を保持するDNAを宿主細胞のゲノムDNAに挿入する。そして，ある条件になったときにその挿入したDNAの遺伝情報を用いて増殖し，最終的に細胞を破壊してウイルス粒子を放出する。ラムダファージやレトロウイルスなどでは，後者のような自身の遺伝情報の挿入が知られている。原核細胞に感染するファージの場合，前者を溶菌，後者を溶原化（潜伏）といって区別することもある。

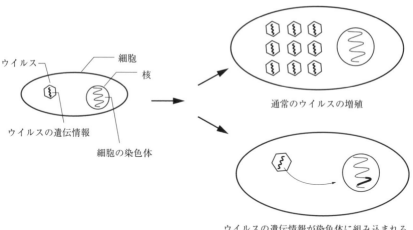

図 13-4　ウイルスの感染後の動態

4．ウイルスの遺伝情報と増殖機構

　ウイルスの遺伝情報には複数の形態がある。そして，その形態によって増殖や遺伝情報の複製の仕組みが異なるのでその違いを確認する。

DNA ウイルス

　粒子内の DNA に自身の遺伝情報を保持するウイルスを DNA ウイルスという。二本鎖の DNA を粒子内に保持するタイプと，一本鎖の DNA を保持するタイプがある。

（1）二本鎖 DNA ウイルス（dsDNA ウイルス）

　アデノウイルスやヘルペスウイルス（水疱瘡・帯状疱疹の原因ウイルスはこの仲間）をはじめさまざまなウイルスがこのタイプである。ファ

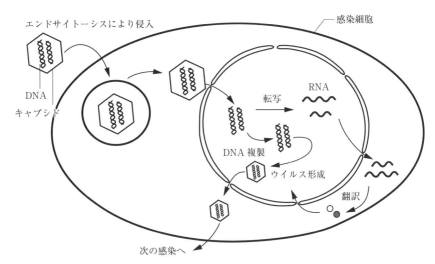

図 13-5　二本鎖 DNA ウイルスの増殖：アデノウイルスの例

ージの多くもこのタイプである。真核細胞に感染する二本鎖 DNA ウイルスの場合，感染後，ウイルスは細胞の小胞に取り込まれるが，分解されることなく細胞質中に放出される（図 13-5）。放出されたキャプシドは核のそばに移動し，内部のウイルス自身の DNA を核内に輸送する。そして，核内でウイルス DNA から転写や複製が行われる。転写によって出来た RNA は核の外に移動し，そこで翻訳されタンパク質が合成される。このウイルスの遺伝情報由来のタンパク質は核内に入り込み，複製されたウイルス DNA と共にウイルス粒子を形成し，最終的に細胞から放出される。

（2）一本鎖 DNA ウイルス

　DNA ウイルスの中には，一本鎖 DNA を遺伝情報としてキャプシド内に保持するものがある。植物に感染するジェミニウイルスの仲間もそ

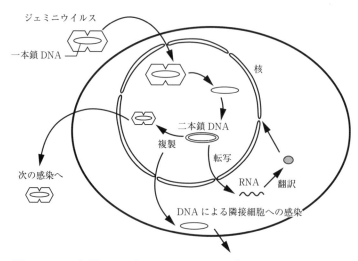

図 13-6　一本鎖 DNA ウイルスの増殖：ジェミニウイルスの例

の一つである。また，遺伝子治療への利用で近年注目されているアデノ随伴ウイルスもこのタイプである。ジェミニウイルスの場合，キャプシド内に 1 本鎖の環状 DNA を有している。細胞に感染すると，粒子ごと核内に入り込む。次にその環状 DNA を鋳型とした DNA 合成により，二本鎖 DNA となる（図 13-6）。この後は二本鎖 DNA ウイルスと同様に，この DNA を鋳型に転写が行われ，必要なタンパク質を合成する。自身のゲノムにコードされているタンパク質は 4-6 種類程度と少なく，それら以外は宿主のタンパク質を利用している。ジェミニウィルスに感染された植物では，ウイルスの種類によって異なるが，葉が黄色くなったり，巻いてしまったりといった症状を呈する。例えば，その感染がトマトの黄化葉巻病を引き起こす，トマト黄化葉巻ウイルス（TYLCV）もこのジェミニウイルスに分類される。

RNA ウイルス

　ウイルスの中には RNA に遺伝情報を保持するものがある。インフルエンザウイルス，ノロウイルス，ポリオウイルス，風疹ウイルス，麻疹ウイルス，エボラウイルス，ヒト免疫不全ウイルス（HIV），デング熱ウイルスなど，その他様々な RNA ウイルスがある。皆さんもどこかで耳にしたことや，そのウイルスに対する予防接種を受けたことがあるであろう。また，植物に感染するウイルスは DNA よりもむしろ RNA に遺伝情報を保持する種類がより一般的である。

（3）二本鎖 RNA ウイルス

　キャプシド内に二本鎖 RNA を保持するウイルスがある。ヒトに急性胃腸炎を引き起こすウイルスとして知られるロタウイルスもその一つである。ロタウイルスの場合，遺伝情報は 11 の二本鎖 RNA に分かれており，1 つを除くと二本鎖 RNA1 つに 1 つのタンパク質の情報をもつ遺伝子を保持している。ロタウイルスはエンベロープをもたずキャプシドが内外を区別する構造となっている。

　真核細胞では，通常，二本鎖 RNA は外来の遺伝情報として除去する対象となっており，分解機構をもつ。したがって，二本鎖 RNA をゲノムとするウイルスは，その RNA を感染細胞の細胞質中に放出すると，細胞の防御機構により分解されてしまう。ロタウイルスはこの分解を防ぐために，あらかじめキャプシド内に RNA を鋳型に RNA を合成する，RNA 依存 RNA ポリメラーゼを収容している。そして，キャプシドは 3 層構造となっている。感染して細胞内に入ると，始めに一番外側の層が外れる。そして，2 層構造の内部で RNA 依存 RNA ポリメラーゼが活性化され，ウイルスの二本鎖 RNA を鋳型として，mRNA を合成する（図 13-7）。その際に必要なリボヌクレオチドなどの分子は宿主

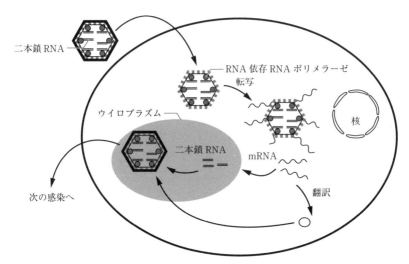

図 13-7　二本鎖 RNA ウイルスの感染：ロタウイルスの例

の細胞から取り込む。つまり，ウイルスのゲノムである二本鎖 RNA を細胞の防御機構から隔離しながら，自身の mRNA を合成し，その合成した mRNA のみをキャプシド外に放出して，それを元に自身のタンパク質を合成させる。

　そして，ウイルスのゲノムは二本鎖 RNA であるため，増殖する際にも細胞の防御機構から逃れる必要がある。ロタウイルスは，ウイロプラズマ（viroplasma）という構造を細胞内に形成し，その中で自身の二本鎖 RNA ゲノムを複製し，新たなウイルスを合成する。ウイロプラズマは，他のウイルスでも同様の構造を形成するものがあることが知られている。

（4）プラス鎖 RNA ウイルス

　これは一本鎖 RNA をゲノムとするウイルスである。その中でもゲノ

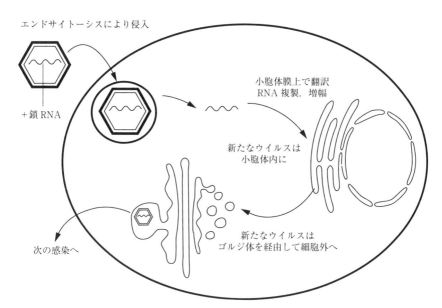

図 13-8　プラス鎖 RNA ウイルスの感染：デングウイルスの例

ムの RNA がそのまま mRNA としても機能するウイルスである。したがって，ウイルスは感染後にそのゲノムを細胞質中に放出して，宿主の翻訳機構を利用して，自身のタンパク質を合成させる。たとえば，デング熱を引き起こすデングウイルスの場合，10 個程度の自身のタンパク質で，細胞を乗っ取り自身の複製を合成させている。RNA ゲノムの複製には自身のゲノムにコードされている RNA 依存 RNA ポリメラーゼを必要とする（図 13-8）。

　この RNA 依存 RNA ポリメラーゼによってマイナス鎖 RNA を合成し，それを鋳型にプラス鎖 RNA を合成する。プラス鎖 RNA と細胞で合成したタンパク質から，小胞体膜上でキャプシドを形成し，エンドサイトーシスを利用して小胞体内部に移動する。その後，ゴルジ体を経

て，細胞外に放出される。

(5) マイナス鎖 RNA ウイルス

これも一本鎖 RNA をゲノムとするウイルスである。ただし，ゲノムの RNA は mRNA の鋳型となる RNA なので，自身の RNA 依存 RNA ポリメラーゼをキャプシド内に保持し，感染時に速やかに mRNA を合成する必要がある。そして，このウイルス mRNA を利用して，自身の複製に必要な様々なタンパク質を合成させる。自身の複製の際には，感染細胞に合成させた RNA 依存 RNA ポリメラーゼを用いて，マイナス鎖となる一本鎖 RNA を合成し，それを用いている。インフルエンザウイルスもこのタイプのウイルスである（図 13-9）。インフルエンザウイ

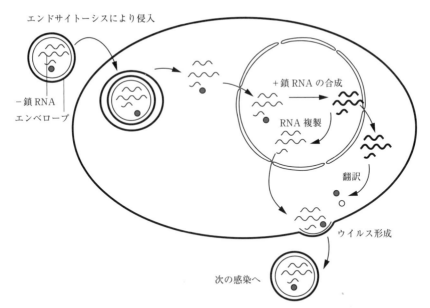

図 13-9　マイナス鎖 RNA ウイルスの感染：インフルエンザウイルスの例

ルスの場合，感染後，細胞質内に侵入し，RNAゲノムとウイルス内に保持していたRNA依存RNAポリメラーゼが核内に輸送される。核内でウイルスRNAを鋳型にmRNAが合成される。ただし，それらには宿主の細胞で翻訳に必要な構造が付加されていないため，ウイルスのタンパク質を用いて，別の細胞自身のmRNAの構造を切断してウイルスmRNAに結合し，宿主のmRNAのふりをすると考えられている。

（6）レトロウイルス

プラス鎖RNAをゲノムとするウイルスであるが，逆転写酵素というRNAを鋳型とするDNA合成のためのポリメラーゼを保持するため，別の種類のウイルスとして区別されている。ヒト免疫不全ウイルス（HIV）やヒトT細胞白血病ウイルス（HTLV）がよく知られている。レトロウイルスは感染後，自身のウイルス内に保持していた逆転写酵素を利用して，RNAのゲノムを鋳型としてDNAのゲノムを合成する。そして，その逆転写によって生じたDNAゲノムを宿主細胞のゲノムDNAに挿入することができる（図13-4）。このような挿入されたDNA部位をプロウイルスという。その後長期に渡って，細胞のゲノム中に潜んでいる。ヒトのHTLV-Iでは潜伏期は40年以上と言われている。そして，何かの拍子にプロウイルス化したウイルスのDNAから遺伝子発現が生じると，通常のウイルスと同様に細胞を乗っ取り自身の複製を合成して，それを放出する。このように一旦細胞中に隠れてしまうために，レトロウイルスは一度感染してしまうと体内からの完全な除去が難しい。また，RNAウイルス全般に言えることだが，遺伝情報の変異の速度が早く，そのため宿主の免疫から逃れるウイルスが出てきてしまうこともその体内からの除去を難しくしている点である。

5. ウイルスの利用

ウイルスは，感染した生物に病気を引き起こす迷惑なものという側面がある。一方で生命科学の発展に寄与するものもある。現在でもウイルスやウイルス由来のタンパク質は様々な形で生命科学や医学に利用されている。それを幾つか紹介する。

（1）逆転写酵素

逆転写酵素はレトロウイルスのゲノムにその遺伝子がコードされている。その役割はRNAを鋳型にしてDNAを合成することである。このような反応は，DNAに遺伝情報を保持する，細胞からなる生物に取って必要ない。ただし，レトロウイルスは自身の遺伝情報をこの逆転写酵素を利用して宿主細胞のDNAに潜り込ませる能力があるため様々な生物の細胞内にプロウイルスがある。そこに逆転写酵素と類似の遺伝情報が存在する。

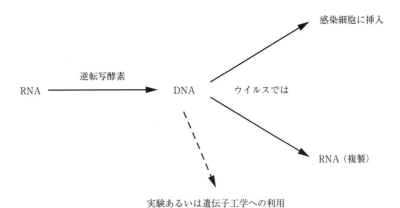

図 13-10　逆転写酵素の機能

一方，この逆転写酵素は遺伝子工学では欠かせない酵素である。生物の遺伝情報はDNAに塩基配列として保持されている。その塩基配列をRNAの塩基配列へ転写して，細胞は利用している（図13-10）。よって，細胞が使用中の遺伝情報は，細胞内ではRNAの塩基配列としても存在していると言える。このRNAを読み取れば，その時の細胞の機能や状態を推測できる。このRNAの情報を効率よく読み取るには，RNAの塩基配列をDNAに変換する必要がある。これは実験を行う上でDNAが分解されにくいこと，生物自体もDNAを操作する酵素を多数もっておりそれを利用できる（第14章参照）ためである。よって逆転写酵素は，遺伝子を扱う実験において欠かせない酵素のひとつである。

（2）ベクター

　ウイルスは細胞への感染性があるため，遺伝子を運ぶベクターとして利用されている。近年は，2種類のウイルスが注目されている。レトロウイルスとアデノ随伴ウイルスである。レトロウイルスについては，先に説明したように，自身の遺伝情報を宿主細胞のDNA中に挿入する機能がある。そこで，ウイルス自体の遺伝情報の一部を，ヒトの遺伝子に置き換えて，ヒトの細胞に感染させるということも可能である。

　たとえば，特定のタンパク質においてその情報を保持する遺伝子に変異があり，正常なタンパク質が合成できないといったことがある。そのような場合，ウイルス自身の遺伝情報をヒトの正常なタンパク質の遺伝情報に置き換えたウイルスを合成し，それを特定の細胞に感染させ，正常なタンパク質が合成できる細胞を作る。これを人体に戻せば，体内で細胞が継続的に正常なタンパク質を合成できるという仕組みである。これは遺伝子治療方法の1つである。実際は，ここで説明したほど簡単にできるわけではないが，特定の遺伝子に対する遺伝子治療が正式な治療

として一部の国では認可されている。ただし，別の遺伝子の場合，類似の方法で行った遺伝子治療によって，稀ではあるが，遺伝子が挿入された宿主 DNA の場所が悪く，予想外の遺伝子からの発現が促進され，そのことが白血病を誘発したという例がある。問題点が分かれば改善できるので，今後はこのようなことを防ぐことはできるが，技術的には改善の余地がある。

　上記のような遺伝子のゲノムへの挿入を起こさないベクターとして，アデノ随伴ウイルスが注目されている。このウイルスは，病原性を示さないが感染できるウイルスとして知られていた。アデノウイルスなどの他のウイルスと同時に感染することによってはじめて，宿主細胞内で増殖することができる変わったウイルスである。単独感染の場合は，細胞内に入り込むことができても，自身の一本鎖 DNA を二本鎖の状態にできる程度で，自身を増殖させることができない。このような場合，アデノ随伴ウイルスの系統によっても異なるが，ある系統ではヒトの細胞に感染して増殖しない場合，第 19 染色体の特定の部位にプロウイルスが挿入される。別の系統では，宿主のゲノム DNA とは別に細胞の中に存在する外来 DNA となって，宿主の複製時に同時に複製され，何年もの間，遺伝情報として生き延びるものもある。

　このような特性は遺伝子のベクターに向いている。レトロウイルスの問題点は，ゲノム中の任意の部位に挿入されてしまう点である。他のウイルスベクターの場合，細胞内で増殖してしまい，これでは使えない。アデノ随伴ウイルスでは，遺伝子の一部を改変し，遺伝子の挿入に関与するタンパク質が機能しないように操作したものを利用している。

参考文献

D・サダヴァら（著）石崎泰樹，丸山敬（監訳）『カラー図解 アメリカ版 大学生物学の教科書 第2巻 分子遺伝学』講談社，2010

ラインハート・レンネバーグ（著），小林達彦（監修），奥原正國，西山広子（訳）『カラー図解 EURO版 バイオテクノロジーの教科書（下）』講談社，2014

下遠野邦忠，瀬谷司（監訳）『生命科学のためのウイルス学』南江堂，2015

14 遺伝子操作の技術

二河　成男

《**目標&ポイント**》　分子レベルの生命のしくみを応用した技術が様々な形で利用されつつある。その中でも現在注目されているのは，遺伝情報の利用やその改変である。例えば，微生物にヒトのホルモンなどを合成させて，それが薬剤として治療に用いられている。また，葉を食べる昆虫や特定のウイルスに耐性をもたせた作物が一部市販されている。さらに，変異型の遺伝子をもつヒトの細胞に正常型の遺伝子を導入し，細胞の機能を回復する方法が一部の遺伝子で成功している。これらの遺伝子工学的な技術のしくみについて紹介する。
《**キーワード**》　DNA，サンガー法，制限酵素，プラスミド，ベクター，PCR，RNAi，CRISPR，Cas9

1. 遺伝子の DNA 塩基配列の読み取り

　遺伝子の研究には大きな柱が2つある。一つは遺伝子に記された遺伝情報を理解することである。そのためには遺伝子の塩基配列を読むことが大事である。もう一つは生命活動における遺伝子の役割や機能を理解することが求められる。遺伝子を細胞から取り出してしまうとその機能を知ることができない。そのため，細胞を利用した技術が必要となる。まずは，塩基配列を読むところから紹介する。

　遺伝子に関わる実験手法の中で，初期に確立した技術の一つに，遺伝子の DNA 塩基配列を読み取る技術がある。この技術は，1970 年台後

半のほぼ同時期に 2 種類の方法が開発された。当初は，化学的な手法を応用したものが利用されたが，徐々に生物自身のもつ DNA 複製機構を応用した方法が一般化し，現在に至っている。

化学的な手法には，マクサムとギルバートによって開発された，マク

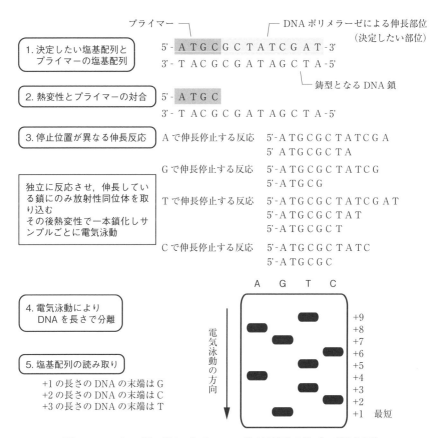

図 14-1　サンガー法による DNA 塩基配列の決定（概念図）

サム・ギルバート法がある。もう一方の DNA 複製機構を利用する方法には，イギリスのサンガーによって開発されたサンガー法がある。どちらの方法も塩基配列を読み取りたい DNA の短い断片（数十から数百ヌクレオチド）を材料にする。マクサム・ギルバート法では，DNA を化学的な手法で塩基特異的に切断することによって，断片化し，それをもとに DNA の塩基の並びを決める。アデニン（A）特異的に切断した時，末端から 10 塩基分の長さの DNA が検出されれば，10 塩基目は A であると読み取ることができる。一方，サンガー法では，材料の DNA を鋳型にして DNA 複製を行う。そして新たに合成された DNA の断片を利用して，DNA の塩基の並びを読み取る（図 14-1）。当初は，マクサム・ギルバート法がよく使われていたが，サンガー法が改良された結果，より簡便な方法となり，1980 年台ではサンガー法が広く使われるようになった。このような塩基配列決定法の開発が，後のヒトや他の生物のゲノムの決定を可能とした。

2．遺伝子の導入

遺伝子の利用で難しい点は，細胞から遺伝子を取り出してしまうとその機能を発現させることができない点である。タンパク質やビタミンなどの物質の場合，機能を失わないように取り出せば別の生物や試験管内でも機能するが，遺伝子はタンパク質などの情報をもっているだけなので，情報を読みとって，機能を発現させる系を伴う必要がある。ただし，その過程は複雑であり，現在でもそれを安定して行うのは細胞以外にない。よって，何らかの細胞に，利用したい遺伝子を含む DNA の断片を取り込ませる必要がある。この技術を遺伝子導入技術といい，より広い意味での遺伝子を操作する技術を遺伝子組換え技術という。

遺伝子組換えにも様々なものがある。特に別の生物の遺伝情報を利用できるようにする遺伝子導入は，導入された生物に新たな性質を付与することができ，様々な場面で利用されている。そのような研究の発端となったものが，大腸菌にヒトのタンパク質性のホルモンを合成させた実験である。この研究が発展して，微生物にヒトの成長ホルモンやインスリンを合成させ，医薬品として利用できるようになった。現在では様々な生物に対して遺伝子導入が可能になっている。その手法は様々であるが，基本的には大腸菌での遺伝子導入と同じである。これらに関わる基本的なしくみや技術を以下で説明する。

（1）制限酵素

制限酵素は1968年にアーバーとスミスによって発見された。当初発見されたものは大腸菌において特定のDNA塩基配列を認識して，その塩基配列をもつDNAをランダムに切断するものであった。このようなものがあると細胞自身のDNAを切断してしまうように思える。しかし，この制限酵素はその機能を妨げる酵素と対になっている。その対となる酵素は，制限酵素が認識する特定のDNA塩基配列を化学的に修飾して制限酵素が認識できないようにする。よって，大腸菌自身のDNAは対となる酵素によって予め保護され，切断されない。

一方，ファージ（ウイルス）のDNAなどの外来のDNAは，この対となる酵素によって保護されていない。よって，ファージ感染時に大腸菌に送り込んだDNAに対して，制限酵素がはたらく。その結果ファージ由来のDNAは切断され，ファージは感染しても増殖できない。つまり，制限酵素の本来の役割は，細菌がファージの感染から自身を守ることにある（図14-2）。

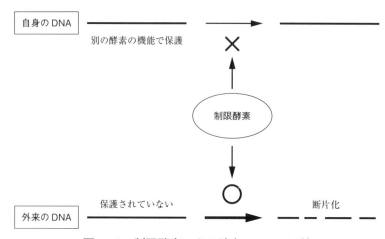

図 14-2　制限酵素による外来 DNA の切断

　その後，同様の制限酵素が様々な細菌から発見された。その中でも 2 型という型に分類される制限酵素が，現在，様々な DNA を扱う実験に利用されている。2 型の制限酵素は特定の DNA の塩基配列を認識してその部位で DNA を切断する。したがって，ある塩基配列をもつ DNA に対して，同じ制限酵素を用いれば，常に同じ場所で DNA が切断される。この 2 型の制限酵素の発見によって，長いという性質のため扱いにくかった DNA が数百から数千塩基対の長さの断片として容易に扱うことができるようになった。

　2 型の制限酵素で大腸菌から発見されたものの 1 つに EcoRI というものがある。EcoRI は，図 14-3 のように，5′-GAATTC-3′ という塩基配列の部位で DNA を認識・切断し，5′ 末端側が 4 塩基分の一本鎖 DNA 鎖が突出したような断片を作る。そして，この EcoRI で切断された断片を結合するには，相手側の DNA も同じように 5′ 側の末端が突出し，相補性を示すものがつながりやすい。一方で異なる制限酵素で切断され

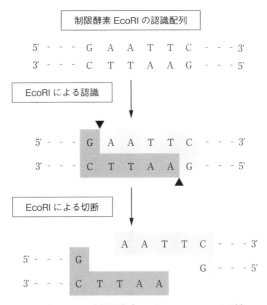

図 14-3 制限酵素による DNA の切断

た末端は，その末端の突出のパターンが違っていたり，相補性を示さないため，その間ではDNAが繋がりにくい。この性質を利用して，目的のDNA断片同士を正確に結合することができる。そして，この結合にはたらく酵素はDNAリガーゼと言う（図14-4）。DNAを混ぜると塩基対は形成されるが，それではすぐに外れてしまうので，DNAリガーゼによって結合する必要がある。

（2）遺伝子運搬体（ベクター）

このような制限酵素とDNAリガーゼいうDNA用の鋏と糊を利用して，特定のDNAを切断し，別のDNAに結合できるようになった。ただし，遺伝子の情報をもつDNAを細胞に導入すれば，自動的に機能す

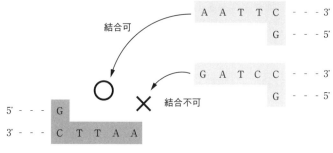

図14-4　DNAリガーゼによる結合

るわけではない。細胞内で機能させるためには，染色体DNAの一部に組み入れるか，染色体DNAと同様に細胞の増殖によって複製される必要がある。そうでなければ，細胞分裂によって増殖を繰り返した時に，導入されたDNAをもたない細胞が増えてしまう。外来のDNA断片を染色体DNAの一部に組み入れる方法は技術的に難しく，また，染色体DNAにある他の遺伝子を破壊する可能性も高く，あまりいい方法ではない。したがって，染色体とは独立して細胞内に存在し，細胞分裂と同調して増幅するDNAを利用するのが良い。そして，そのような都合のよいDNAが実際に存在する。その一つは原核細胞で広く見られるプラスミドと呼ばれる環状のDNAである。

　プラスミドという言葉は，もともと染色体とは異なる細胞内に存在する遺伝情報を保持できる構造の総称として提案された。しかし，現在では，染色体とは別に遺伝する環状のDNAを主にプラスミドという。プラスミドは，小さなものは1000塩基対ほどの長さであり，長いものは100万塩基対もの長さになる。特に細菌では様々なプラスミドが存在することが知られている。プラスミドは細胞内での自身のDNA複製に必

要な構造をもっており，それ以外の部位には様々な遺伝情報を保持している。逆に言えば，プラスミドのDNA複製に必要な構造を残しておけば，あとの部位を別の遺伝子に置換しても細胞内で複製され伝達される。そして，利用したい遺伝子とその転写を促進するプロモーター配列をあらかじめ挿入しておけば，その遺伝子の発現を任意に調節することもできる。このプラスミドのような役割を持つDNAをベクターという。

よって，導入したい遺伝子に加えて，導入先となる生物のプラスミドのDNA複製に関する部位と，遺伝子の転写を促す部位を制限酵素とDNAリガーゼで，うまく組み合わせることによって，他の生物由来の遺伝子をもつプラスミドを作ることができる。そして，それを導入したい生物の細胞に取り込ませることによって，遺伝子導入を行うことができる（図14-5）。

このような手法を用いて，最初に人工的に合成されたヒトのタンパク質はソマトスタチンというわずか14個のアミノ酸からならタンパク質性のホルモンである。それは1977年のことであった。このホルモンを上に示した手法で導入し大腸菌に合成させたのだが，その際に今から考えると興味深い点がいくつかある。一つは，その遺伝子のDNA塩基配列が当時まだ知られていなかったという点である。ただし，アミノ酸の配列は知られており，そのアミノ酸の配列が合成できるようなDNAの塩基配列を人工的にデザインした。そして，そのような塩基配列を持つDNAを化学的に合成した。その方法は，3ヌクレオチド分の一本鎖DNAを多数合成し，それらをつなぎ合わせるもので，二本鎖DNAのソマトスタチンの人工遺伝子合成に成功した。そして，それをプラスミ

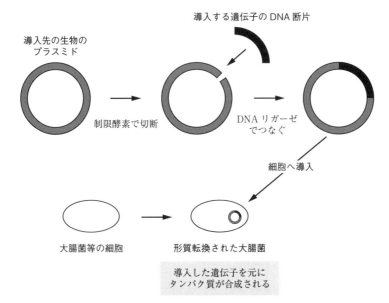

図 14-5　細胞への遺伝子の導入

ドにつなぎ，大腸菌に導入し，人体以外でのヒトのソマトスタチンの合成を成し遂げた。その後，ヒトの遺伝子の塩基配列を決定できるようになると，その情報にもとづいて様々なヒトあるいはその他の生物のタンパク質を大腸菌などの細胞で合成できるようになった。

3．遺伝子の増幅

　このように大腸菌を利用した遺伝子操作の基本的な技術は 1980 年台には確立することとなった。ただし，このような実験を行うには，特定の DNA を増幅する必要がある。これは分子を扱う生化学的な研究で共通なことだが，実験を行うには対象となる分子が一定量必要である。初期は，増幅したい遺伝子をベクターとなるプラスミドやファージ DNA

につなぎ，それを大腸菌に遺伝子導入して，大腸菌自体を増殖させ，そこから，目的の DNA を実験的に精製して集めていた。しかし，これはとても時間と手間がかかる作業であり，生物学の研究者の中でも，ごく一部の研究者だけに可能な実験であった。しかし，ここにあらたな技術が登場した。それが PCR 法として知られている，特定の遺伝子断片を大腸菌や遺伝子組換えを使わずに増幅する方法である。この開発により，設備が整えば，理論家以外のあらゆる生物学の研究者が DNA を扱えるようになった。

▶ポリメラーゼ連鎖反応

　PCR とは，日本語ではポリメラーゼ連鎖反応（polymerase chain reaction）に相当する。PCR 法を用いれば，特異的な塩基配列をもつ DNA 断片を増殖することができる。基本的には，近接した2ヶ所の DNA の塩基配列の情報が得られれば，その間の領域を増幅することができる。反応に必要な物質は，プライマーという 20 ヌクレオチド程度の一本鎖の DNA が2種類，DNA ポリメラーゼとその反応に必要な微量なイオンを含んだ溶液，鋳型となる二本鎖の DNA，DNA 複製の基質となるデオキシリボヌクレオチド（dNTP）である。プライマーは，その近接した2ヶ所の領域を含む DNA 断片を考えた時，図 14-6 のように一方の一本鎖 DNA の末端（3′ 側）と相補的な塩基配列をもつものと，もう一方の相補鎖となる一本鎖 DNA の末端（3′ 側）と相補的な塩基配列をもつものが必要である。

　PCR 法は，これらの物質を混ぜ合わせただけでは，何も反応が起こらない。温度変化を利用して，特定の部位の DNA で連続して複製反応を起こすことで，増幅を行っている。温度変化の順序とその目的を確認しておこう。

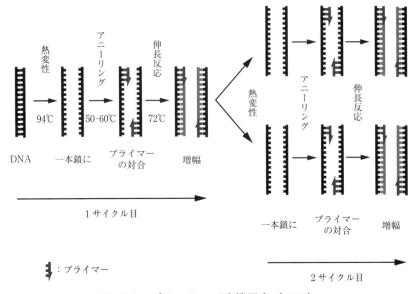

図 14-6 ポリメラーゼ連鎖反応（PCR）

　まずは，加熱である。加熱によって鋳型の二本鎖 DNA を一本鎖 DNA にする。相補的な一本鎖 DNA の間は塩基間の水素結合で結合しているため，摂氏 95 度程度であれば，30 秒も加熱すると DNA の機能を失うこと無く結合が外れ，一本鎖となる。この反応は熱変性という。

　次に冷却である。温度が下がると離れていた一本鎖 DNA は，相補的な一本鎖 DNA と塩基対を形成して，二本鎖 DNA に戻る。通常はこれで元の DNA が復元されるが，PCR 法では先に示したプライマーが大量に存在する。プライマーは短く大量にあるため，溶液中に含まれる長い一本鎖 DNA 鎖よりも先に，相補的な一本鎖 DNA 鎖と塩基対を形成する。これは温度条件に依存するため，プライマーが塩基対を形成し易い，摂氏 50-65 度程度で行う。この時，2 種類のプライマーが増幅した

いDNAの両末端に塩基対を形成し，増幅したい部位が2種類のプライマーにはさまれたような状態になる。この反応はアニーリング（塩基対形成）という。

　次にDNAポリメラーゼによるDNAの合成反応を誘導する。DNAポリメラーゼは，二本鎖DNAと一本鎖DNAの境目のようなところから一本鎖DNAを鋳型として，DNA合成反応を行うという特徴をもつ（図14-6）。境目はプライマーの両側にできるが，DNAポリメラーゼはDNAの3′末端側からのみヌクレオチドをつなぐポリメラーゼ反応を行う。逆の5′末端側からDNA合成を行うことができない。したがって，プライマーをデザインする時に近接するプライマーの3′側が増幅したいDNA側を向くようにする。そうすると，自然とDNA合成によって，2つのプライマーに挟まれた部分でDNA合成が行われる。この反応は伸長反応という。

　この反応はDNAポリメラーゼが活性をもつ温度に依存する。現在では摂氏68-72度で高い活性をもつ，熱耐性を示すDNAポリメラーゼが利用されており，伸長反応も摂氏68-72度で行われる。

　このような二本鎖DNAの一本鎖化（熱変性），プライマーとの塩基対形成（アニーリング），DNA合成（伸長反応）という3段階が1回のサイクルである。この1回でプライマーで挟まれた領域が2倍になる。増幅するためにはこのサイクルを何度も繰り返す。通常，25-35回繰り返すことによって，理論的には10億倍程度にプライマーに挟まれたDNA断片が増幅される。実際は，DNAポリメラーゼの基質が不足したり，酵素の活性が低下することによって，理論通りには行かないが，それでも十分な量を増幅することができる。

このような方法により，増幅したい DNA とその DNA の塩基配列情報，そして PCR 反応の装置と反応に必要な酵素などがあれば，熟練した技術がなくとも，目的の DNA 断片を増幅できるようになった。増幅できれば DNA の塩基配列を読むことも，プラスミドに挿入することも技術的には比較的容易にできる。

4．遺伝子発現の制御

　現在では，他の生物の遺伝子，あるいは自身の遺伝子を導入することによって，特定のタンパク質などを細胞に合成させることができる。一方で，細胞自身の遺伝子の発現を制御することによって，細胞の性質が変化することも明らかになってきた。たとえば iPS 細胞の作製では，皮膚の細胞に4種類の発現が抑制されている遺伝子を遺伝子導入によって強制的に発現させた。その結果，細胞の分化の状態を改変できることが分かった。これは，細胞の遺伝子の発現を自在に制御すれば，細胞の分化の状態を制御できる可能性があることを示している。現時点では，自由に制御はできないが，遺伝子発現の抑制に関しては，様々な生物において調節可能なことが分かってきた。その実験法としくみを次に紹介する。これは主に真核生物の遺伝子発現を抑制する方法で，RNAi と言う。

(1) RNAi（RNA 干渉）

　RNAi では通常二本鎖 RNA を利用する。第13章でも説明したが，細胞質中の二本鎖 RNA を取り除くしくみを多くの細胞は備えている。さらに，同じ塩基配列をもつ一本鎖 RNA の除去や，同じ塩基配列をもつ DNA を含む領域からの転写を抑制する生物も存在する。これらのしくみを利用する方法が RNAi である（図14-7）。

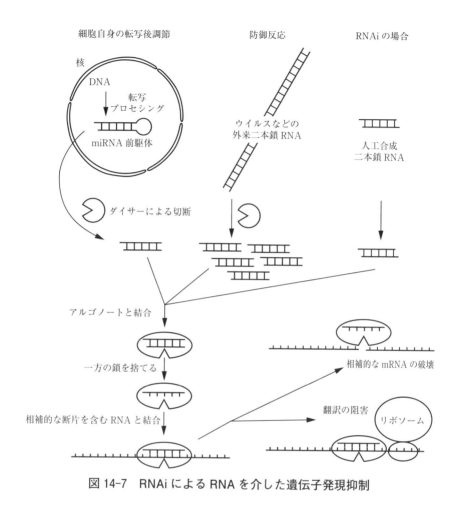

図 14-7　RNAi による RNA を介した遺伝子発現抑制

　RNAi では，発現を抑制したい遺伝子の mRNA の一部と一致する塩基配列をもつ二本鎖 RNA を，細胞に導入することによって発現を抑制する。細胞内の RNA は通常一本鎖である。ただし，RNA も DNA のように塩基対を形成するため，原理的には二本鎖を形成することができ

る。実際tRNAなどは一本鎖の中で離れた部分が塩基対を形成し部分的に二本鎖様の構造を形成する。二本鎖RNAが細胞内に存在すると細胞はいくつかの方法で，その塩基配列をもつ遺伝子からの発現を抑制する。

　一つは転写されたmRNAの分解である。細胞内に導入された二本鎖RNAとして入ってきたものが細胞内のタンパク質によって一本鎖RNAに分離され，そのうちのmRNAと相補的なものがmRNAと塩基対を形成する。その結果，部分的に二本鎖になったmRNAが分解されることによって，遺伝子の発現が抑制される。このしくみはウイルスへの対抗手段として様々な真核生物に保持されている。RNAiでは人工的な二本鎖RNAを細胞に導入し，その防御機構を生物自身のmRNAに発動させ，遺伝子発現の抑制を実現していることになる。さらにmiRNAによる遺伝子発現の転写後調節にも利用されている。

　他には，相補的なmRNAの破壊と同様な方法で，mRNAを分解せずにリボソームによる翻訳を阻害することによって発現を抑制する。また，上に述べた方法は細胞質中で生じる応答だが，核内に移行して，合成直後のRNAとの塩基対形成を通して近傍のクロマチン構造を変化させて，発現を抑制する生物も存在し，そのしくみも明らかになりつつある。

(2) CRISPR（クリスパー）

　細菌でも配列の類似性を用いて，細胞内に入ってきた外来のDNAを分解する仕組みがある。一つは制限酵素を用いた機構で，すでに説明した。もう一つがCRISPRというDNAの塩基配列情報とCas（キャス）というタンパク質による防御機構である。

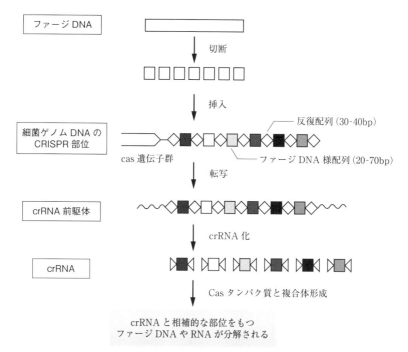

図 14-8 真正細菌や古細菌に見られる CRISPR による獲得免疫応答

　一部の細菌ではファージに感染した際に，ファージの DNA の一部を断片化し（25-70 塩基対），自身の DNA のある領域（CRISPR 座位という）に挿入する。CRISPR 座位では，反復配列にこれらの断片が挟まれている。そして，この領域からの転写，そして反復配列部位での切断により CRISPR RNA（crRNA）という短い RNA 断片が形成される。crRNA は Cas タンパク質ともう一つの RNA 分子（トランス活性型 crRNA）と複合体を形成する。そして，この複合体は，crRNA と相補的な塩基配列をもつ DNA を識別して，切断する。CRISPR 座位には過去に細胞内部に入り込んだ外来 DNA の断片が多数存在しており，少な

くとも過去に感染したファージの DNA を増殖前に切断することができる（図 14-8）。そして，現在ではこの DNA を切断するしくみを利用した遺伝子改変技術が，ゲノム編集として注目されている。

5．ゲノム編集

　ゲノム編集とは，ゲノム DNA の任意の位置にある塩基を別の塩基に置き換える手法である。また，同じ方法で，任意の位置の遺伝子を置き換えたり，削除したり，挿入したりも可能である。これは先に示した細菌の CRISPR に関連する分子機構を利用したものである。細菌では自身のゲノム DNA に取り込んだファージ由来の DNA の塩基配列を利用していた。ゲノム編集の場合，crRNA の代わりとなる，人工的に合成した人工ガイド RNA を用いる。細菌の場合，自身のゲノム DNA は攻撃しないしくみをもっているが，遺伝子工学として利用する場合は，細胞のゲノム DNA 自身を改変する必要がある。具体的なしくみを見ていこう。

　必要な分子は，Cas9，人工ガイド RNA，導入あるいは変更したい塩基配列を含む DNA（改変型 DNA）である。Cas9 は cas タンパク質の 1 つである。人工ガイド RNA は人工的に合成した RNA であり，編集したい領域の DNA の塩基配列と一致する部分（ガイド部位）と CRISPR の命名のもととなった特徴的な塩基配列をもつ部分（構造部位）からなる RNA である。これら 2 つを組みあわせて，細胞に導入するとその人工ガイド RNA のガイド部位と一致する塩基配列をもつ DNA の領域に人工ガイド RNA/Cas9 複合体が移動する。そして，複合体は人工ガイド RNA のガイド部位と同じ配列をもつ DNA を切断する。切断された DNA に対しては，いずれの細胞でも自身のもつ DNA 修復機構がはたらく。そして，切断された部分をつなぎ合わせる反応が

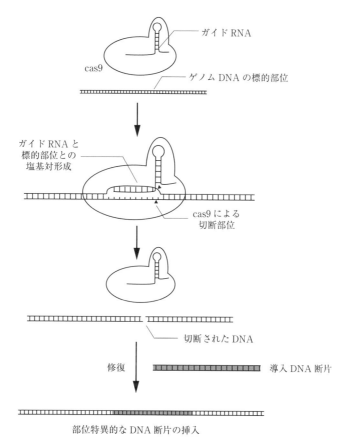

図14-9　ガイドRNAとCas9を利用したゲノム編集

起こる。ただし，切断された2本鎖DNAを修復するための鋳型がない場合，デタラメにつなぎ合わせることになりDNAの塩基配列が変化する（図14-9）。ここに，切断された後の2つに分かれた末端と同じ塩基配列をもつ改変型DNAを同時に導入しておけば，この改変型DNAを鋳型として修復が行われる。この改変型DNAに改変したい塩基の置換

や，新たに導入したい遺伝子の塩基配列を含むものを利用すれば，ピンポイントで塩基の置換，挿入，あるいは遺伝子の改変，挿入を行うことができる。更には，現在ではCas9を部分的に改変して，DNAを切断するだけではなく，別の機能を付加することによって様々な利用が可能になろうとしている。たとえば，蛍光タンパク質とつなげれば，特定の塩基配列のある部位を光らせることができる。また，転写を促進する因子や抑制する因子とつなげば，特定の遺伝子の転写の促進や抑制も可能となる。遺伝子導入を行わずとも，その細胞のもつ遺伝子の発現を制御できるようになるであろう。

6．今後の課題

　ここで示したDNA塩基配列の読み取り技術，遺伝子導入技術は，開発当初の方法であり，現在では大きく様変わりしているものもある。特にDNA塩基配列の読み取り技術は大きく変化している。一方で，安全性や倫理的な問題は変わらず存在している。遺伝子組換えは安全か，遺伝子の改変がどこまで許容されるかといった問題が今後の課題である。

参考文献

中村桂子，松原謙一（監訳）『Essential 細胞生物学 原書第 4 版』南江堂，2016

中村桂子，松原謙一（監訳）『細胞の分子生物学 第 6 版』ニュートンプレス，2017

D・サダヴァら（著）丸山敬，石崎泰樹（監訳）『カラー図解 アメリカ版 大学生物学の教科書 第 3 巻 分子生物学』講談社，2010

ラインハート・レンネバーグ（著），小林達彦（監修），田中暉夫，奥原正國（訳）『カラー図解 EURO 版 バイオテクノロジーの教科書（上)』講談社，2014

ジェニファー・ダウドナ，サミュエル・スターンバーグ（著），櫻井祐子（訳）『CRISPR 究極の遺伝子編集技術の発見』文藝春秋，2017

15 | 生命科学の現在と未来

石浦 章一

《**目標＆ポイント**》 21世紀は生命科学の時代と言われている。動植物の科学であった生物学は大きく人間の科学へと舵を切り，分子あるいは細胞レベルで明らかになった事実を私たちの健康の維持に応用することが重要との認識が持たれるようになった。この最後の章では，ゲノム医学の進展によって明らかになった生命のしくみ，病気の治療法の開発と，思いもしなかった倫理的問題の出現などについて講義する。取り上げる話題は3つで，ヒトの老化と認知症治療の進展，ゲノム解析によるリスクの判定の問題，そして最後に人類の未来についてお話ししたい。
《**キーワード**》 認知症，プリオン病，遺伝子診断，ゲノム解析，ゲノム編集，デザイナーベビー，生命倫理

1. 老化

　私たちの寿命が生命分子と細胞に深くかかわるという例を紹介しよう。それは老化であり，その一方の終着点である認知症である。世界の

表15-1　日本の年齢構造の推移（推計）

	0～14歳	15～64歳	65歳以上	扶養
1990	18.2%	69.5%	12.0%	5.8
2016	12.4%	60.3%	27.3%	2.2
2020	10.8%	60.0%	29.2%	2.0
2030	9.7%	58.5%	31.8%	1.8
2040	9.3%	54.2%	36.5%	1.5
2050	8.6%	51.8%	39.6%	1.3

人口はすでに70億人を超えたが，わが国では人口が減り続け高齢化社会が進行している。2017年の段階では，100歳以上の人が6万人を超え，これに比例して認知症の割合も増加している。少子高齢化が進むと，2050年には我が国の4割の人間が65歳以上となってしまうと予測されている（表15-1）。認知症のリスクを軽減するにはどうしたらいいのだろうか。

（1）老化社会とアルツハイマー病

認知症は，脳が萎縮するとともに人間の特徴である高次認知機能が大きく損なわれる病気である。原因はいくつもあるが，大きく分けて3通りに分類されている。1つは脳卒中の後遺症である。これには血管が詰まる脳梗塞や血管が破れる脳出血が挙げられる。もう1つは脳の外傷であり，残る1つが脳卒中も外傷も認められないのに認知症になる場合である。この最後の部分のほとんどをアルツハイマー病が占めるが，前頭側頭型認知症やレヴィー小体型認知症という別の原因によるものもある。ここでは特にアルツハイマー病に焦点を絞って解説する。

アルツハイマー病は認知機能障害が主な特徴であるが，解剖学的には，脳の萎縮，老人斑の蓄積，そして神経原線維変化の出現が認められる。特に老人斑はこの病気に特徴的なもので，脳の神経細胞の外にアミロイドβタンパク質（Aβ）という小さなペプチドが蓄積して形成される。認知機能の障害が出るかなり前から蓄積するのが特徴であり，アルツハイマー病を予測するバイオマーカーと考えられている。この後，神経細胞内に微小管結合タンパク質であるタウが重度にリン酸化されたフィラメントも蓄積してくる。これを神経原線維変化と呼ぶ。最終的には神経細胞が死んでいき，認知症が出現する。この老人斑の蓄積をPETという機械を使って画像診断できる。PIBという老人斑に結合する色素

を注入し，PETで可視化するのである。この技術により，数年後の認知症発症の可能性も予測できるようになった。

　老人斑ができるしくみは以下のとおりである。AβはアミロイドA前駆体タンパク質（APP）の一部であり，APPから2段階の切断を受けて合成される（図15-1）。最初にAPPはβセクレターゼで切断を受け，次に細胞膜内部分をγセクレターゼが切断してAβが作られる。Aβは数分子集合して毒性のあるオリゴマーを作り，それが長い間に細胞外に沈着して老人斑を形成する。特に，40から50歳代に発病する若年性アルツハイマー病の責任遺伝子は，APP，γセクレターゼの1成分であるプレセニリン1，そしてプレセニリン2の3つであることが分かっている。この化学反応の酵素と基質に原因があるということは，図15-1がアルツハイマー病発病に関わる主要経路であることから明らかである。

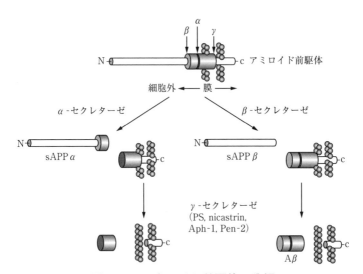

図15-1　アミロイド前駆体の分解

（2）アルツハイマー病の治療

それではアルツハイマー病の治療として，どのようなことが行われているか解説しよう。現在，実際に治療として行われているのは対処療法がほとんどである。すなわち，記憶に関わると言われているコリン作動性神経の神経伝達物質であるアセチルコリンの減少を防ぐ薬の投与が主なものであり，コリンエステラーゼ阻害剤（ドネペジル，タクリン，ガランタミン，リバスチグミン）が主力になっている。また，興奮性神経伝達物質であるグルタミン酸受容体の機能を低下させるメマンチンも新薬として使われるようになった。ところが，これらは Aβ の形成とは直

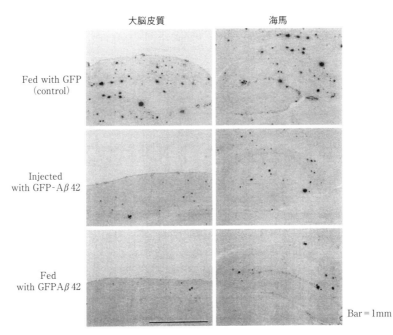

図 15-2　ワクチンの効果

接関係のないところではたらく薬であり，真の原因をブロックするものではない。そこで最近では，Aβ 生成の最初の反応を抑制する β セクレターゼ阻害薬や最後の反応を抑制する γ セクレターゼ阻害薬などが治療の標的として検討されていたが，薬となるには至っていない。Aβ の蓄積を抑えるには，Aβ の産生の抑制，Aβ の分解の促進，ワクチンによる Aβ の除去などがアルツハイマー病治療の主力になる可能性が高い。

この中で治療に一番近いのが Aβ に直接作用して Aβ の量を減らすワクチンである。2016 年には，抗 Aβ 抗体がヒトの脳に蓄積した Aβ を減少させるという効果が報告された。また動物実験では経口ワクチンの効果も報告されている。私たちも，経口食物ワクチンとして米に Aβ を発現させ，スウェーデン型若年性アルツハイマー病と同じ遺伝子変異をもつトランスジェニックマウス Tg2576 で脳内の Aβ の蓄積を 7 割も抑えた（図 15-2）。

2. ゲノム解析によるリスクの判定

（1）アルツハイマー病の場合

前項に示したように，家族性（遺伝性）アルツハイマー病は，若年に発病し進行も速い。しかし，一般の長寿に伴う認知症（遅発性アルツハイマー病）については，リスク遺伝子というものが数多く明らかになっている。特に，リスク遺伝子の一番にあげられているアポリポタンパク質 E（アポ E）は，寿命を規定する遺伝子としても有名である。特定のアリール（対立遺伝子）を持つと長寿にもなり，別のアリールを持つとアルツハイマー病になりやすくなることが示されている。アポ E は，血液中の脂肪運搬タンパク質なのであるが，ニューロンのみでなくグリアでの発現も知られている。生理機能としては，神経細胞に栄養分を運搬するタンパク質と考えられている。変異があると神経細胞の修復が遅

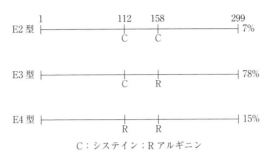

図 15-3　血液中にあるアポリポタンパク質 E の多型
右のパーセンテージは日本人の持つ頻度

くなるのではないかといわれている。

　アポ E には多型がある。図 15-3 に示すように，299 個のアミノ酸のうち，112 番目と 158 番目のアミノ酸が異なる例が知られている。両方ともにシステイン（C）のものをアポ E2，158 番目がアルギニンになっているものをアポ E3，両方ともアルギニンになっているものをアポ E4 と呼ぶ。遅発性アルツハイマー病になるのはアポ E4 のホモの人が多く，そのリスクはアポ E3 のホモの人の 11 倍であることが明らかになった。また，E4 ホモの人たちは脳卒中からの回復が遅いとか，80 歳以上になると認知機能が低下する，などの症状も認められる。一方，アポ E2 のホモの人はその逆で認知機能も高く保たれ，100 歳以上の長寿となる確率も高い。図 15-4 で明らかなように，この遺伝子の多型によって認知症になる時期が大幅に違う。

　しかし，アポ E4 を持っていても全員がアルツハイマー病になるわけではなく，そのリスクが高いというだけである。すなわち，遺伝子型は「病気へのなりやすさ」を決めるものであり，素因と言ってもよい。すなわち，私たちの形質は遺伝子だけで決まるのではなく，どういう食生

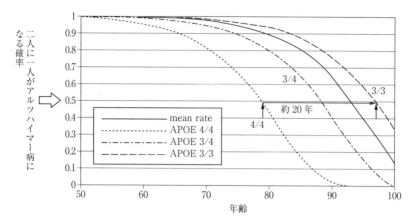

図 15-4　アルツハイマー病にかかっていない人の割合

活をしてきたか，運動など健康的な習慣があるか，薬物（およびタバコ，酒などの嗜好物）の摂取習慣，などの後天的な学習や行動によって決定される。結果的に，遺伝子と環境（生まれと育ち）は形質の決定に深く関与していることがゲノム解析の結果よく分かってきたが，どちらが何％と言えるものではない。

　しかしこれらの情報を正しく理解するということと現実の健康問題とは別の話である。アポ E4 を持つこととアルツハイマー病のリスクとの相関関係は明らかだが，アポ E4 をホモに持つ特定の人が認知症になるかどうかという点については，リスクのパーセンテージは数字であらわされるものの，当人が将来どうなるかは予測できない。しかしながら，アルツハイマー病の予防研究では，このアポ E4 をホモに持つ人を対象に早期から行うことが重要な意味を持つことが分かってきた。アポ E4 のリスクについては，家族にも引き継がれることになる。1 人の遺伝情報は家族の情報にもなることを忘れてはならない。

(2) プリオン病の場合

 もう1つのリスク判定を紹介しよう。それはプリオン病である。この病気はプリオンというタンパク質の構造変化によって脳に海綿状の空胞が出現する病気で，症状によってクールー，クロイツフェルトヤコブ病（CJD），家族性致死性不眠症（FFI）などと呼ばれている。その多くが遺伝子変異によって起こるが，構造が変化したプリオンタンパク質が健常体内に入ると病気に感染する場合もある。牛海綿状脳症（狂牛病）の蔓延がその例である。

 ヒトプリオンタンパク質は253アミノ酸からなる分子である（図15-5）。このプリオンをコードする遺伝子の異常で発病する16,025人（もちろんFFIだけでなくCJDなど他のプリオン病を含む）を調べたところ，D178N，V210I，M232Rという変異がそれぞれ209人，247

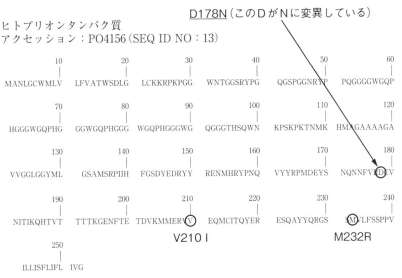

図15-5 プリオンタンパク質の一次構造

人，63 人，見つかった。これらは，アミノ酸が 1 つ変異するミスセンス変異である。

　特に FFI は日本にはほとんど見られないが，不眠が続いて最後には認知症になる恐ろしい遺伝性疾患である。イタリアのヴェネチアに住むシルヴァーノという男性は，1980 年代に 53 歳でこの不治の病に屈したと言われている。彼の父親とふたりの姉妹も同じ病で亡くなっている。彼は，自らの遺志でこの病の原因究明のために自分の脳を提供したという有名な話がある。残念ながら FFI には今もって有効な治療法が見つかっていない。あるとき，父親を FFI でなくした人が自らの意思で遺伝子診断したところ，D178N 変異をもつことが分かった！　こういう場合，判定された人はどうなるか，という問題が起こったのである。遺伝子診断は，究極の死刑判決と同じなのだろうか，それとも何らかの手立てがあるのだろうか。

　ゲノム解析は，病気の人だけが行うのではない。健康な人でもその原因が何かを突き止めることは重要なことである。そのため，60706 人の健常人のエキソンをすべて読むというエキソームシークエンシングが行われた。なんと，プリオンタンパク質の変異が 52 人見つかり，V210I がその中に 2 人，M232R が 10 人も見つかったのだ。この結果は，プリオンタンパク質の変異があっても発病しない人がいる，ということを示唆している。もちろん，将来発病する可能性もある。しかし，プリオン変異による発病を防ぐ因子（別の変異が病気を防ぐ）の存在も考えられる。プリオン病患者の変異の割合と比較すると，M232R 変異の方が V210I 変異よりも明らかに発病しにくい（発病が遅い？）ことが分かったのであった。しかし残念ながら，健常人の中には D178N 変異はなかった。このように，ゲノムを読むことによって今まで考えなかった可能性についても光を当ててくれる，ということが分かった。しかしなが

ら，私たちヒトゲノム 30 億塩基の中には，約 300 万箇所の違いがある。個人差が 300 万箇所あるということである。この中には確実に病気を引き起こす変異もあるが，ほとんどが何を意味しているか分からない差である。ゲノムを読めばすべてが分かる，と期待されて始まったヒトゲノム計画だが，簡単にしかも安価に個人の全ゲノムを読むことができる時代が来ても，実は私たちの生命の解明には程遠い状態なのであることは知っていていただきたい。

3. 人類の未来

　生命科学の技術と情報処理の発展により，私たち個人の DNA を読むことができるようになったが，個人の健康に関する情報が容易に得られるようになったとはいえない。次世代シークエンサを使えば遺伝子の配列情報は分かるが，それでその人間のすべてが分かったわけではない。塩基配列の違いが何を意味するかについては，これから多くの研究が必要なのである。その例を 2 つ紹介しよう。1 つはミトコンドリア病での核移植，もう 1 つはゲノム編集でのデザイナーベビーについての問題である。

（1）ミトコンドリア病

　ミトコンドリア DNA の塩基に異常があると，ミトコンドリアが多い脳や筋肉に異常が発生する場合がある。これをミトコンドリア病と呼ぶ。ミトコンドリアは女性から子どもに伝わるため，女性が病気になった場合には必ず子どもに病気が伝わってしまう。これを防ぐために，核移植が行われる。図 15-6 のように，まず夫との受精卵から核を取り出す。また，他の正常女性ドナーの卵をもらい，その卵から核を除いて先ほど採取した受精卵からの核を移植するのである。その結果，変異ミト

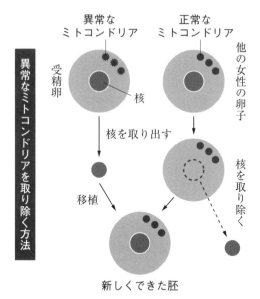

図15-6　ミトコンドリア病の女性と核移植

コンドリアはすべてドナーのミトコンドリアに入れ替わる（細胞質もドナーのものにかわる）ので，この卵を子宮に戻して生まれた子どもには変異が入らないのである。生まれた子どもの核DNAは両親のものであり，ミトコンドリアDNAはドナー女性のものである。そのため，3人の親がいる，と喧伝されたこともあったが，法律上，ドナー女性は親とは見なさない。なぜなら，この場合は臓器移植と同等に見なすことになっているからである。このようなミトコンドリア病での核移植は英国でも認可されている。

（2）デザイナーベビー

　第14章でゲノム編集のことを勉強したが，ゲノム編集によって体細

胞での遺伝子改変が容易になり，外来遺伝子を導入する遺伝子組換えとは異なるため，ゲノム編集を病気の治療に用いることに対するバリアは少ない。しかしながら，これを認めると将来，病気の治療だけを目的とするのではなく，病気以外の目的で生殖細胞の改変を行うところが出てくるのではないか，という危惧が指摘されている。坂道を転げ落ちるように，皆が子どもの遺伝子を自分の好きなように改変し，自分の好きな形質を持つ子どもを作るようになる「デザイナーベビー」が出現するのではないかと，乱用を戒め規制を強める動きがある（図15-7）。もちろんこの方向は正しいのだが，その筋道に問題がある。

　まず，「病気」について考えてみよう。何が病気か，という問題である。βサラセミアはβグロビンが作られない貧血症で，紛れもない遺伝性疾患である。これを治療することについては誰も異論はない。ところがHIVの感染を防ぐCCR5遺伝子の改変はどうだろう。低身長は？斜視は？　知的障害は？　となると，大いに異論が出るのではないだろうか。極論すると，病気も多様性の一部であり治療対象にならないとい

実施されたヒト胚の改変
1. βグロビン遺伝子改変（βサラセミア治療）
2. CCR5改変（HIVウイルス耐性）

病気以外の形質改変の可能性
・低身長，斜視
・知能，芸術，運動機能
・眼の色，皮膚の色
・音楽，数学の才能

「将来子どもがどうなるか，分からない」という不安

図15-7　ヒト胚改変の是非

う意見もある。次に問題になるのは，後天的な（エピジェネティックな）要素である。遺伝子が同一の一卵性双生児でも全く同等に育つわけではなく，片方が病気，もう片方が健康という例も多く報告されている。すべてDNAの遺伝子配列で規定されているのではない。

　ゲノム編集を望む遺伝性疾患家族は生殖細胞を改変して末代までの家系の安心を望んでいる。一方では，ヒトゲノムに少しでも人工的に手を入れることを是としない考えもある。現在は生殖細胞の改変は行わないというのが世界の趨勢だが，法をはじめすべてのものは時代とともに変わっていく。私たちがどのような未来を選ぶのか，私たちに課せられているものは重いが，十分な説明と慎重な討論が望まれる。

参考文献

石浦章一，笹川昇，二井勇人（著）『脳：分子，遺伝子，生理』裳華房，2011
Strachan T, Read AP（著）『ヒトの分子遺伝学（第4版）』メディカル・サイエンス・インターナショナル，2011
東京大学生命科学教科書編集委員会（著）『現代生命科学』羊土社，2017
ダニエル・T・マックス『眠れない一族——食人の痕跡と殺人タンパクの謎』紀伊国屋書店

索引

●配列は五十音順，＊は人名を示す．

●あ

アヴェリー　46
アクチン　26, 36
アセチル化　80
アセチルコリン　177
アダプター　104
アデニン　23, 47
アデノシン三リン酸　94
アデノ随伴ウイルス　224
アドルフ・エドゥアルト・マイヤー＊　207
アドレナリン　177
アニーリング　237
アーバー　229
アポE　250, 251
アポE2　251
アポE3　251
アポE4　251
アポトーシス　203, 204
アポリポタンパク質E　250
アミノアシルAMP　105
アミノアシルtRNA　105
アミノアシルtRNA結合部位　107
アミノアシルtRNAシンテターゼ　105
アミノ基　27
アミノ酸　27
アミノペプチダーゼ　37
アミロイドβタンパク質　247
アリール　250
アルツハイマー病　247
アルツハイマー病の治療　249
アルブミン　26
アロステリック制御　157
アンチセンス鎖　65
アンフィンセン＊　35
イオン　24
イオンチャネル共役型　185

鋳型　55
一次構造　30
一次転写産物　83
一本鎖DNAウイルス　215
遺伝　45
遺伝暗号　100
遺伝暗号表　101
遺伝子　9, 45
遺伝子運搬体　231
遺伝子導入技術　228
遺伝子の増幅　234
遺伝子の発現量　127
遺伝子発現　154
遺伝子発現の制御　238
異物応答配列　76
イムノグロブリン　96
インスリン　111
イントロン　84, 89
ウイルス　19, 208
ウイルス内部の状態　210
ウイルスの大きさ　210
ウイルスの感染後の動態　213
ウイルスの基本構造　209
ウイルスの増殖機構　211
ウイルスの利用　222
ウイルス粒子　213
ウィルヒョー＊　10
ウイロプラズマ　218
ヴィンクラー＊　114
ウェンデル・スタンリー＊　208
海ぶどう　15
ウラシル　23
エイズ　42
エキソサイトーシス　139, 141
エキソペプチダーゼ　37
エキソン　30, 85, 254

エキソン・シャッフリング　30
エクソン　76
エクソン受容体　76,77
エステル　49
エストロゲン　76
エストロゲン受容体　76
エピジェネティクス　79
エラスターゼ　38
エラスチン　26
塩基　47
塩基対　50
塩基対形成　237
塩基配列　50,100
エンドサイトーシス　139,140,154
エンドヌクレアーゼ　95
エンハンサー　73
エンベロープ　209
応答配列　76
大隅良典*　159
岡崎フラグメント　57
岡崎令治*　57
オートファゴソーム　204
オートファジー　21,112,159,203,204
オペレーター配列　71
オペロン　70
オペロン説　69
親細胞　162
オリゴペプチド　30
オリゴマー　248
オルガネラ　212
オルソログ　27

●か行
外因性の分化　200
介在配列　84
解糖系　145
ガイド部位　242
核　16,82

核酸　23
核酸塩基　47
核小体　98
核膜　17
カスパーゼ　204
活性化エネルギー　148
鎌状赤血球症　32
カルボキシ基　27
カルボキシペプチダーゼ　37
環境応答　175
がん細胞　173
幹細胞　194
がん抑制遺伝子　173
基質アナログ　43
基質特異性　36
希少アミノ酸　28
基本転写因子　72
キモトリプシン　37,38
逆転写酵素　222
逆平行の二重鎖　50
キャッピング　91,92
ギャップ結合　184
キャップ構造　91,93
カプシド　209
牛海綿状脳症　253
休止期　168
狂牛病　253
共生　101
共役輸送体　138
共輸送　138
極体　166
拒絶反応　196
キラリティー　28
ギルバート*　227
筋構造タンパク質　26
金属応答配列　76
グアニン　23,47
クビレズタ　15

グリア　250
グリコーゲン　159
クリスタリン　26
クリスパー　240
クリック*　47,50,63,104
グリフィス*　46
グルコース　23,145
グルタチオン　31
グループⅡイントロン　90
クロマチン　80
クロマチン構造　79
形質　45
形質転換　46
欠失　102
ゲノム　59,114
ゲノムDNA　66
ゲノム解析　254
ゲノムの個体差　123
ゲノム編集　242
原核細胞　15,56,75,82
原核生物　103
原形質連絡　184
減数分裂　164
高エネルギーリン酸結合　63
光学活性　28
好気性細菌　101
高次構造　32
後シナプス細胞　182
甲状腺ホルモン　76
校正機能　58
構成分子アミノ酸　27
酵素　26,36
酵素-基質複合体　39
構造部位　242
酵素エンドペプチダーゼ　37
酵素活性の制御　156
酵素共役型　186
酵素の特異性　36

酵素反応　39
酵素反応曲線　43
抗体タンパク質　96
後天性免疫不全症候群　42
酵母　15
古細菌　30
コドン　100
コラーゲン　26
コリンエステラーゼ阻害剤　249
ゴルジ体　17,141

●さ行
サイクリン　168
サイクリン依存性キナーゼ　168
サイトソル　16
細胞　9
細胞骨格　18
細胞骨格タンパク質　36
細胞死　204
細胞質基質　16
細胞周期　167,171
細胞小器官　16,18,154
細胞内共生説　18
細胞の増殖　161
細胞の内部構造　16
細胞分裂　161
細胞膜　131
細胞膜の構造　135
サイレンサー　74
挿し木　196
サブユニット　35,103
サンガー*　228
サンガー法　228
三次構造　34
シグナルカスケード　186
シグナル伝達　176
シグナル分子　178,180
シグマ（σ）因子　67

自己スプライシング　90
脂質　24
脂質二重層　134
自食作用　159,203
自食胞　204
シス因子　63,75
シス制御配列　63
シス制御領域　73
システイン　31
ジスルフィド結合　31,35,110
シトシン　23,47
自滅　203
終結因子　69
修飾塩基　99
ジャコブ*　69
受精卵　191
受容体　178,180
受容体タンパク質　178
シュライデン*　10
シュワン*　10
娘細胞　162
ショウジョウバエ　78,88
常染色体　115
小胞体　17
触媒　26
真核細胞　15,56,71,75,82
神経原線維変化　247
人工多能性幹細胞　196
真正細菌　30
伸長因子 EF　108
伸長反応　237
水　22
水素結合　32,50
スタール*　52
ステムループ構造　69
ステロイドホルモン　76
スプライシング　85
スプライセオソーム　85

スペーサー　96
スミス*　229
制御点　171
制限酵素　229
性染色体　61,115
セパラーゼ　173
セレノシステイン　28
前駆体 RNA　83
前シナプス細胞　182
染色体　61,115
染色体末端　80
センス RNA　64
センス鎖　67
選択的スプライシング　88
選択的透過性　131,136
選択的ポリ A 付加　96
線虫　198
先導鎖　57
セントラルドグマ　63
セントロメア　80
全能性　192
潜伏　213
造血幹細胞　193,194
相同染色体　61
挿入　102
相補性　51
阻害剤の反応模式図　42
速度定数　39
疎水性相互作用　21
ソマトスタチン　233

●た行
対向輸送　138
体細胞　60
体細胞分裂　162
代謝　145
代謝経路　147,149
代謝の制御　153

大腸菌　13,15,30,103
対立遺伝子　250
脱皮ホルモン　76
脱プロトン化　28
脱分化　195,196
多能性　193
タンパク質　9,22
タンパク質合成　106
タンパク質の大きさ　30
タンパク質の機能　26
タンパク質の構造　30
タンパク質の分解　111
タンパク質ファミリー　27
タンパク質分解酵素　36
単量体　21,23
チェイス*　12,47
遅延鎖　57
置換　102
遅発性アルツハイマー病　250
チミン　23,47
チャネル　137
中期染色体　61
中枢神経系　176
調節遺伝子　71
調節領域　75
貯蔵タンパク質　26
チロシン　38
沈降係数　103
デアミナーゼ　27
ディスオーダー領域　33
ティム・ハント*　169
デオキシアデノシン　48
デオキシアデノシン一リン酸　48
デオキシアデノシン三リン酸　48
デオキシヌクレシド三リン酸　63
デオキシリボ核酸　23,47
デオキシリボース　23,47
デザイナーベビー　256

テトラヒメナ　89
テトラマー（4量体）酵素　35
テロメア　80
転移因子　88,117
デングウイルス　219
転写　62
転写因子　63,72,75,77
転写因子ⅡD　72
転写開始点　65
転写調節因子　72
天然変性領域　33
糖　23,47
動原体　80
突然変異　102
ドミトリー・イワノフスキー*　207
ドメイン　34,88
トランス因子　63,71,72,75
トランススプライシング　91
トランスポゾン　117,212
トリプシン　37,38
トリプトファンオペロン　71
トリペプチド　31

●な行

内分泌系　176
ニコチンアシドアデニンジヌクレオチド
　145
二次構造　32
2次メッセンジャー　189
二重らせん構造　47
二重らせんモデル　50
二本鎖DNAウイルス　214
二本鎖RNAウイルス　217
乳酸脱水素酵素　35
認知症　247,250
ヌクレオシド　48
ヌクレオシド三リン酸　63
ヌクレオソーム　80

ヌクレオチド　23, 47, 48
ネクローシス　203, 205
ネクロトーシス　203
熱ショック遺伝子　67
熱ショック転写因子　76
熱変性　236

●は行
肺炎双球菌　46
バイオマーカー　247
胚性幹細胞　196
胚盤胞　193
バクテリオファージ　13, 47
ハーシー*　12, 47
発現　62
パーミアーゼ　70
パラログ　27
半保存的複製　52
ヒストン　61
ヒストンタンパク質　79
非対称分裂　198
非対称分裂による分化　199
ヒトT細胞白血病ウイルス　221
ヒトプリオンタンパク質　253
ヒト免疫不全ウイルス　221
ピロリン酸　50, 105
ファミリー　27
フェニルアラニン　38
フォールディング　34, 110
複製　52
複製起点　56
複製フォーク　57
フック*　130
ブドウ糖　23
プライマー　235
プライム　48
プラス鎖RNAウイルス　218
プラスミド　232

プラナリア　195
プリオン病　253
プリブナウ配列　67
フルクトース-6-リン酸キナーゼ　157
プレセニリン1　248
プレセニリン2　248
フレームシフト　102
プロインスリン　111
プロウイルス　221
プログラム細胞死　203
プロセシング　83, 96, 111
プロテアーゼ　26, 36, 113
プロテアソーム　113
プロトン化　28
プロモーター　67, 74
プロモーター配列　67
プロモーター領域　71
プロリン　28
分化　192
分化全能性　192
分化転換　195
分化の調節機構　198
分化の道筋　201
分子シャペロン　110
分裂期　167
分裂期染色体　163
分裂準備期　168
ベクター　223, 231, 233
ペースメーカー細胞　175
ヘテロクロマチン　80
ペプチジルtRNA結合部位　107
ペプチジルトランスフェラーゼ　107
ペプチド結合　27
ペプチド鎖延長　107
ペプチド鎖延長反応　108
ヘリカーゼ　56
ヘリックスターンヘリックス　77
ホメオティック変異　78

ホメオボックス配列　78
ホモログ　27
ポリA　93
ポリA付加　91
ポリシストロン　69
ポリペプチド　30
ポリマー　21
ポリメラーゼ　27
ポリメラーゼ連鎖反応　235
ポール・ナース*　169
ポンプ　138
翻訳　63,82,103
翻訳開始　106
翻訳後修飾　110
翻訳後のタンパク質　110
翻訳終結　109

●ま行
マイナス鎖RNAウイルス　220
膜貫通型受容体　179
マクサム*　227
マクサム・ギルバート法　227
膜タンパク質　26
マルティヌス・ベイエリンク*　207
ミオシン　26
ミカエリス定数　39
ミカエリス・メンテン式　41
ミクロフィラメント　36
水　22
ミスセンス変異　32
ミセル　132
密度勾配遠心法　53
ミトコンドリア　17,101
ミトコンドリア病　255
メセルソン*　52
メタン細菌　30
メチル化　80
メッセンジャーRNA　23

モザイク病　207
モータータンパク質　26
モノー*　69
モノシストロン　69
モノマー　21,23

●や・ら・わ行
山中伸弥*　196
ユニット　20
ユニット化　20
溶菌　213
溶原化　213
葉緑体　17
抑制タンパク質　71
四次構造　35
ラインウイーバー・バークの式　41
ラギング鎖　57
ラクトース　70
ラクトースオペロン　71
ラセミ化　28
ランダムコイル　32
利己的な転移因子　212
リスク遺伝子　250
リソソーム　18,112
離脱部位　107
リーディング鎖　57
リボ核酸　23
リボ核タンパク質複合体　87
リボース　23,47
リボソーム　97,102,103
リボソームRNA　23
リーランド・ハートウェル*　169
リン酸　47
リン酸ジエステル結合　49
リン脂質　131
レトロウイルス　221,222
ロイシン　38
ロイシンジッパー　77

老化　246
ロタウイルス　217
ワトソン*　47, 50

●英数字
Aβ　247
A 部位　107
A（アデニン）　47, 63
aaRS　105
ADP　142
ATP　94, 105, 142, 145
C 末端のアミノ酸　32
C（シトシン）　47
CCA 末端　99
CRISPR　240
CRISPR RNA　241
CRISPR 座位　241
crRNA　241
D-アミノ酸　28
dATP　48
deoxy Adenosine Tri Phosphate　48
Deoxyribo Nucleic Acid　47
DNA　12, 23, 47
DNA ウイルス　214
DNA 塩基配列の読み取り　226
DNA 結合ドメイン　77
DNA 合成期　167
DNA 合成準備期　167
DNA ポリメラーゼ　49, 55, 56
DNA リガーゼ　231
dsDNA ウイルス　214
E 部位　107
EcoRI　230
ES 細胞　196
G0 期　168
G1 期　167
G2 期　168
G タンパク質共役型　187

G（グアニン）　47
genome　114
HIV　221
HIV プロテアーゼ　42
HTLV　221
iPS 細胞　196
LDH　35
M 期　167
miRNA　67
mRNA　71, 104
mRNA（messenger RNA）　66
N 末端のアミノ酸　32
NADH　145
P 部位　107
PCR 法　235
PET　247
PIB　247
polymerase chain reaction　235
R 型菌　46
RNA　23, 47
RNA ウイルス　217
RNA プライマーゼ　56
RNA ポリミラーゼ I　71
RNA ポリメラーゼ　63, 65, 67, 83
RNA ポリメラーゼ I　75, 96
RNA ポリメラーゼ II　72, 118
RNA ポリメラーゼ III　75
RNAi　238
RNA 干渉　238
RNaseA　35
RNP　87
rRNA（ribosomal RNA）　66, 71, 96
S 型菌　46
S 期　167
SBE1　59
siRNA　67
snRNA（small nuclear RNA）　66, 87
spliceosome　85

starch branching enzyme 1 59
T（チミン） 47, 63
TATA配列 72
TF_{II}D（transcription factor II D） 72
tRNA（transfer RNA） 23, 66, 72, 96, 104
U（ウラシル） 63
viroplasma 218
virus 208
Zn（ジンク）フィンガー 77
αヘリックス 32

β-ガラクトシダーゼ 70
βアドレナリン受容体 188
βシート 32
βセクレターゼ 248
βターン 33
βバレル 33
βプリーツシート 33
γセクレターゼ 248
ρ因子 69

分担執筆者紹介

(執筆の章順)

石浦　章一（いしうら・しょういち）
・執筆章→2・6・15

1950年	石川県に生まれる
1979年	東京大学大学院理学系研究科博士課程修了
現在	新潟医療福祉大学特任教授/京都先端科学大学客員教授/東京大学名誉教授
専攻	分子認知科学
主な著書	遺伝子が明かす脳と心のからくり（羊土社） 老いを遅らせる薬（PHP新書） タンパク質はすごい！（技術評論社） 「老いない脳」をつくる（WAC） 脳 － 分子・遺伝子・生理 －（共著　裳華房）

藤原　晴彦（ふじわら・はるひこ）
・執筆章→3・4・5

1957年	兵庫県に生まれる
1986年	東京大学大学院理学系研究科博士課程修了
現在	東京大学大学院新領域創成科学研究科教授・理学博士
専攻	昆虫分子生物学
主な著書	昆虫の生化学・分子生物学（分担執筆　名古屋大学出版会） ホルモンの分子生物学8 － 無脊椎動物のホルモン（分担執筆　学会出版センター） よくわかる生化学 － 分子生物学的アプローチ（サイエンス社） 似せてだます擬態の不思議な世界（化学同人）

編著者紹介

二河　成男（にこう・なるお）

・執筆章→ 1・7・8・9・10・11・12・13・14

1969 年　奈良県に生まれる
1997 年　京都大学大学院理学研究科博士課程修了
現在　　放送大学教授・博士（理学）
専攻　　生命情報科学・分子進化
主な著書　現代生物科学（共編著　放送大学教育振興会）
　　　　初歩からの生物学（共編著　放送大学教育振興会）
　　　　動物の科学（共編著　放送大学教育振興会）
　　　　進化 ― 分子・個体・生態系（共訳　メディカル・サイエンス・インターナショナル）
　　　　生物の進化と多様化の科学（編著　放送大学教育振興会）
　　　　色と形を探究する（共編著　放送大学教育振興会）

放送大学教材　1562894-1-1911（テレビ）

改訂版　生命分子と細胞の科学

発　行　　2019年3月20日　第1刷
　　　　　2021年7月20日　第2刷
編著者　　二河成男
発行所　　一般財団法人　放送大学教育振興会
　　　　　〒105-0001　東京都港区虎ノ門1-14-1　郵政福祉琴平ビル
　　　　　電話　03（3502）2750

市販用は放送大学教材と同じ内容です。定価はカバーに表示してあります。
落丁本・乱丁本はお取り替えいたします。

Printed in Japan　ISBN978-4-595-31967-9　C1345